"十三五"国家重点研发计划项目

(2018YFD0900802；2019YFD0901200)

中国沿海鱼类 第4卷

Fishes of Coastal China Seas (Volume Ⅳ)

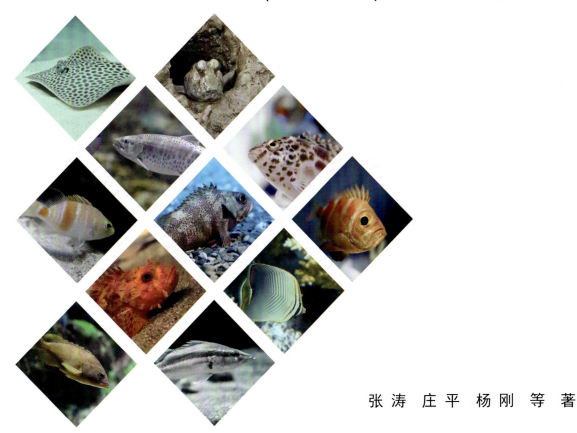

张涛 庄平 杨刚 等 著

中国农业出版社

北 京

图书在版编目（CIP）数据

中国沿海鱼类．第 4 卷／张涛等著．— 北京：中国农业出版社，2023.12
ISBN 978-7-109-31598-3

Ⅰ．①中…　Ⅱ．①张…　Ⅲ．①海产鱼类–研究–中国
Ⅳ．① Q959.4

中国国家版本馆 CIP 数据核字 (2024) 第 005972 号

中国沿海鱼类（第4卷）
ZHONGGUO YANHAI YULEI（DI 4 JUAN）

中国农业出版社出版
地址：北京市朝阳区麦子店街18号楼
邮编：100125
责任编辑：杨晓改　李文文　林维潘　　文字编辑：代国庆
版式设计：艺天传媒　　　　　　　　　责任校对：周丽芳
印刷：北京华联印刷有限公司
版次：2023年12月第1版
印次：2023年12月北京第1次印刷
发行：新华书店北京发行所
开本：787mm×1092mm　1/12
印张：$26\frac{2}{3}$
字数：555千字
定价：280.00元

内容简介

　　本书为《中国沿海鱼类》系列著作第 4 卷。作者在对东海南部和南海等海域进行的科学考察中，本次采集并鉴定鱼类 141 种，隶属 2 纲、15 目、58 科、115 属。每种鱼均有原创的原色照片和手绘模式图，详细介绍了其主要形态特征、生物学特性、地理分布和资源现状等内容。书末附有每种鱼的形态检索图，便于读者快速查找和区分。本书图文并茂，通俗易懂，可以作为大专院校和科研机构的参考用书，也可以作为渔业渔政管理人员的工具书，还可作为广大民众的科普读物。

本书著者名单

▶ 著　者　张　涛　庄　平　杨　刚　赵　峰　刘鉴毅

　　　　　冯广朋　章龙珍　黄晓荣　王　妤　宋　超

　　　　　张婷婷　高　宇　王思凯　耿　智　梁前才

▶ 绘　图　庄立早

前　言

　　海洋鱼类是全球海洋生态系统的重要组成部分，全球已有记载的鱼类超过 3.2 万种，其中海洋鱼类约为 1.9 万种。中国海洋鱼类超过 3 700 种，约占全球海洋鱼类的 20%，是世界海洋鱼类生物多样性最丰富的国家之一。我国海洋鱼类以浅海暖水性种类为主，暖温性种类次之，冷温性种类较少；鱼类种类的多样性呈现南高北低的趋势，南海区种类超过 2 300 种，东海区约 1 750 种，黄海区和渤海区仅 320 余种。

　　我国是世界上研究和利用海洋鱼类最早的国家之一。据史料记载，在新石器时代，我国人民即能捕捞鳓、黑棘鲷、蓝点马鲛等多种海洋鱼类；夏朝时已"东狩于海，获大鱼"；秦汉以后，对鱼类资源有了一些保护措施，如"鱼不长尺不得取"；明朝屠本畯的《闽中海错疏》，对福建沿海 129 种鱼类的习性、渔汛期做了较详细的记述；清朝郝懿行的《记海错》和郭柏苍的《海错百一录》，记有海鱼的生长、繁殖和生态等方面的知识；新中国成立以后，国家对我国的海洋鱼类进行了大规模普查，先后出版了《黄渤海鱼类调查报告》《东海鱼类志》《南海鱼类志》等著作，并开展了对鱼类生理、生态和遗传等方面的研究。

近年来，作者承担了一系列有关中国沿海鱼类调查研究的科研任务，获得了大量沿海鱼类资源的新资料，并且拍摄了大量原色照片，计划将这些资料整理编撰为《中国沿海鱼类》，分为多卷出版。本书为《中国沿海鱼类》的第 4 卷，以东海南部和南海等海域的调查资料为主。

书中每个物种均列出了其中文名、学名、英文名、别名（同物异名和地方名）及分类地位，其中，中文名主要参考《拉汉世界鱼类系统名典》（2017 年），学名主要参考 Fishbase 和 Catalog of Fishes 数据库，分类系统主要参考 *Fishes of the world*（2006 年第四版）。每种鱼都附有原创的活体或标本的原色照片和手绘模式图，配以文字，简明扼要地介绍了其主要形态特征、生物学特性、地理分布和资源状况。本书可以作为大专院校和科研机构的参考用书，也可作为渔业渔政管理人员的工具书，还可作为广大民众的科普读物。

2023年6月

目　录

前言

1. 点纹斑竹鲨
Chiloscyllium punctatum Müller *et* Henle, 1838 　　　2

2. 日本半皱唇鲨
Hemitriakis japanica (Müller *et* Henle, 1839) 　　　4

3. 爪哇真鲨
Carcharhinus tjutjot (Bleeker, 1852) 　　　6

4. 日本锯鲨
Pristiophorus japonicus Günther, 1870 　　　8

5. 鬼深虹
Bathytoshia lata (Garman, 1880) 　　　10

6. 花点窄尾虹
Himantura uarnak (Forsskål, 1775) 　　　12

7. 东方新虹
Neotrygon orientalis Last, White *et* Séret, 2016 　　　14

8. 大海鲢
Megalops cyprinoides (Broussonet, 1782) 　　　16

9. 宽带鳢鳝
Channomuraena vittata (Richardson, 1845) 　　　18

10. 豹纹勾吻鳝
Enchelycore pardalis (Temminck *et* Schlegel, 1846) 　　　20

11. 大口管鼻鳝
Rhinomuraena quaesita Garman, 1888 　　　22

12. 斑竹花蛇鳗
Myrichthys colubrinus (Boddaert, 1781) 　　　24

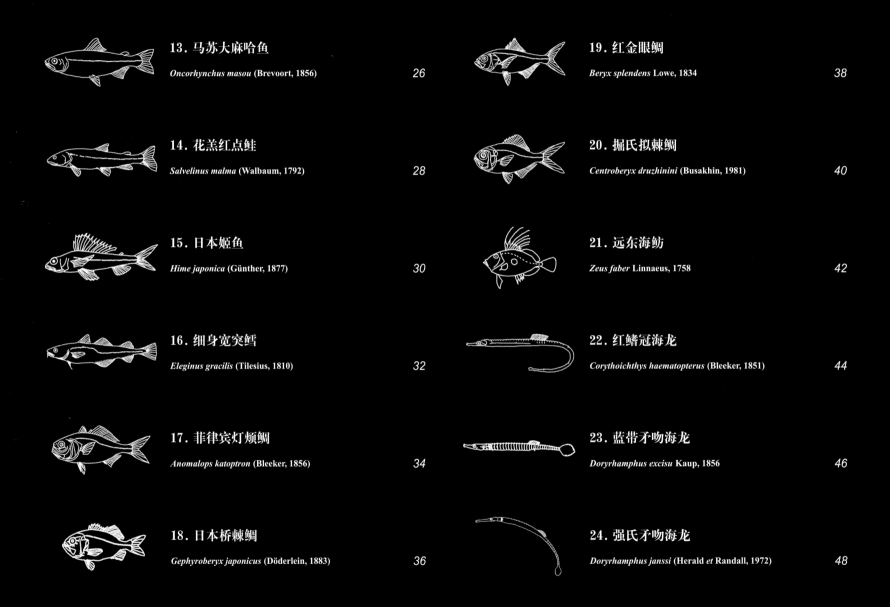

13. 马苏大麻哈鱼

Oncorhynchus masou (Brevoort, 1856)　26

14. 花羔红点鲑

Salvelinus malma (Walbaum, 1792)　28

15. 日本姬鱼

Hime japonica (Günther, 1877)　30

16. 细身宽突鳕

Eleginus gracilis (Tilesius, 1810)　32

17. 菲律宾灯颊鲷

Anomalops katoptron (Bleeker, 1856)　34

18. 日本桥棘鲷

Gephyroberyx japonicus (Döderlein, 1883)　36

19. 红金眼鲷

Beryx splendens Lowe, 1834　38

20. 掘氏拟棘鲷

Centroberyx druzhinini (Busakhin, 1981)　40

21. 远东海鲂

Zeus faber Linnaeus, 1758　42

22. 红鳍冠海龙

Corythoichthys haematopterus (Bleeker, 1851)　44

23. 蓝带牙吻海龙

Doryrhamphus excisu Kaup, 1856　46

24. 强氏牙吻海龙

Doryrhamphus janssi (Herald *et* Randall, 1972)　48

25. 带纹斑节海龙

Dunckerocampus dactyliophorus (Bleeker, 1853)　　50

26. 克氏海马

Hippocampus kelloggi Jordan *et* Snyder, 1901　　52

27. 拟海龙

Syngnathoides biaculeatus (Bloch, 1785)　　54

28. 魔拟鲉

Scorpaenopsis neglecta Heckel, 1837　　56

29. 许氏平鲉

Sebastes schlegelii Hilgendorf, 1880　　58

30. 赫氏无鳔鲉

Helicolenus hilgendorfii (Döderlein, 1884)　　60

31. 玫瑰毒鲉

Synanceia verrucosa Bloch *et* Schneider, 1801　　62

32. 棘绿鳍鱼

Chelidonichthys spinosus (McClelland, 1844)　　64

33. 强棘杜父鱼

Enophrys diceraus (Pallas, 1787)　　66

34. 许氏菱牙鮨

Caprodon schlegelii (Günther, 1859)　　68

35. 青星九棘鲈

Cephalopholis miniata (Forsskål, 1775)　　70

36. 褐带石斑鱼

Epinephelus bruneus Bloch, 1793　　72

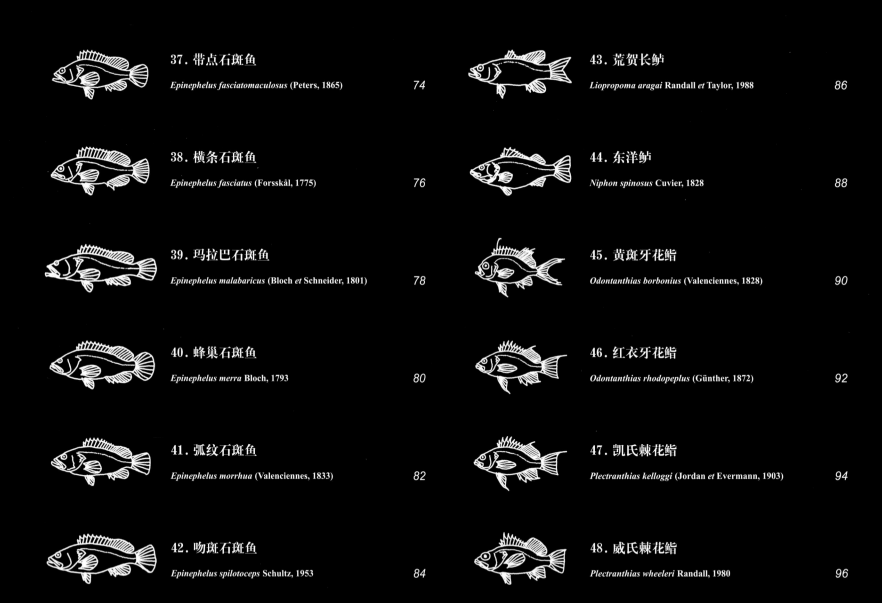

37. 带点石斑鱼
Epinephelus fasciatomaculosus (Peters, 1865)　74

38. 横条石斑鱼
Epinephelus fasciatus (Forsskål, 1775)　76

39. 玛拉巴石斑鱼
Epinephelus malabaricus (Bloch *et* Schneider, 1801)　78

40. 蜂巢石斑鱼
Epinephelus merra Bloch, 1793　80

41. 弧纹石斑鱼
Epinephelus morrhua (Valenciennes, 1833)　82

42. 吻斑石斑鱼
Epinephelus spilotoceps Schultz, 1953　84

43. 荒贺长鮨
Liopropoma aragai Randall *et* Taylor, 1988　86

44. 东洋鲈
Niphon spinosus Cuvier, 1828　88

45. 黄斑牙花鮨
Odontanthias borbonius (Valenciennes, 1828)　90

46. 红衣牙花鮨
Odontanthias rhodopeplus (Günther, 1872)　92

47. 凯氏棘花鮨
Plectranthias kelloggi (Jordan *et* Evermann, 1903)　94

48. 威氏棘花鮨
Plectranthias wheeleri Randall, 1980　96

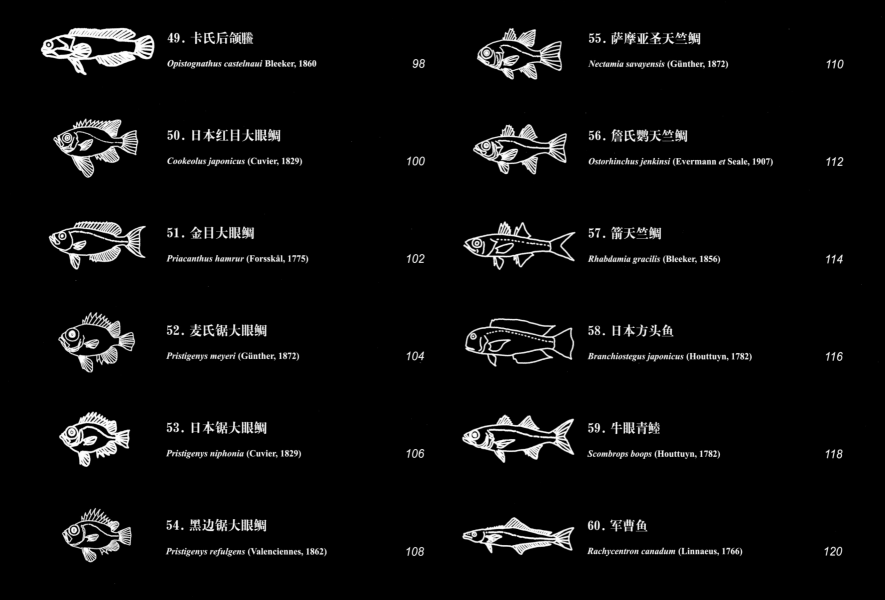

49. 卡氏后颌䲢

Opistognathus castelnaui Bleeker, 1860　　98

50. 日本红目大眼鲷

Cookeolus japonicus (Cuvier, 1829)　　100

51. 金目大眼鲷

Priacanthus hamrur (Forsskål, 1775)　　102

52. 麦氏锯大眼鲷

Pristigenys meyeri (Günther, 1872)　　104

53. 日本锯大眼鲷

Pristigenys niphonia (Cuvier, 1829)　　106

54. 黑边锯大眼鲷

Pristigenys refulgens (Valenciennes, 1862)　　108

55. 萨摩亚圣天竺鲷

Nectamia savayensis (Günther, 1872)　　110

56. 詹氏鹦天竺鲷

Ostorhinchus jenkinsi (Evermann *et* Seale, 1907)　　112

57. 箭天竺鲷

Rhabdamia gracilis (Bleeker, 1856)　　114

58. 日本方头鱼

Branchiostegus japonicus (Houttuyn, 1782)　　116

59. 牛眼青鲑

Scombrops boops (Houttuyn, 1782)　　118

60. 军曹鱼

Rachycentron canadum (Linnaeus, 1766)　　120

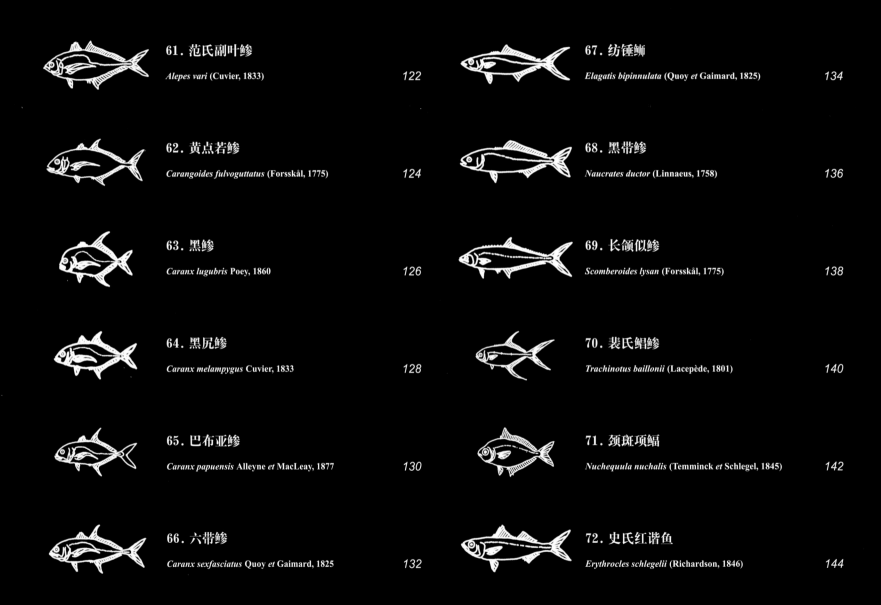

61．范氏副叶鲹
Alepes vari (Cuvier, 1833) 122

62．黄点若鲹
Carangoides fulvoguttatus (Forsskål, 1775) 124

63．黑鲹
Caranx lugubris Poey, 1860 126

64．黑尻鲹
Caranx melampygus Cuvier, 1833 128

65．巴布亚鲹
Caranx papuensis Alleyne et MacLeay, 1877 130

66．六带鲹
Caranx sexfasciatus Quoy et Gaimard, 1825 132

67．纺锤鲕
Elagatis bipinnulata (Quoy et Gaimard, 1825) 134

68．黑带鲹
Naucrates ductor (Linnaeus, 1758) 136

69．长颌似鲹
Scomberoides lysan (Forsskål, 1775) 138

70．裴氏鲳鲹
Trachinotus baillonii (Lacepède, 1801) 140

71．颈斑项鲷
Nuchequula nuchalis (Temminck et Schlegel, 1845) 142

72．史氏红谐鱼
Erythrocles schlegelii (Richardson, 1846) 144

73. 叉尾鲷
Aphareus furca (Lacepède, 1801)   146

74. 绿短鳍笛鲷
Aprion virescens Valenciennes, 1830   148

75. 红钻鱼
Etelis carbunculus Cuvier, 1828   150

76. 多耙红钻鱼
Etelis radiosus Anderson, 1981   152

77. 丝条长鳍笛鲷
Symphorus nematophorus (Bleeker, 1860)   154

78. 奥奈银鲈
Gerres oyena (Forsskål, 1775)   156

79. 宽带副眶棘鲈
Parascolopsis eriomma (Jordan & Richardson, 1909)   158

80. 双线眶棘鲈
Scolopsis bilineata (Bloch, 1793)   160

81. 灰裸顶鲷
Gymnocranius griseus (Temminck *et* Schlegel, 1843)   162

82. 尖吻裸颊鲷
Lethrinus olivaceus Valenciennes, 1830   164

83. 黄背牙鲷
Dentex hypselosomus Bleeker, 1854   166

84. 平鲷
Rhabdosargus sarba (Forsskål, 1775)   168

85. 银姑鱼

Pennahia argentata (Houttuyn, 1782)　　　170

86. 无斑拟羊鱼

Mulloidichthys vanicolensis (Valenciennes, 1831)　　　172

87. 红海副单鳍鱼

Parapriacanthus ransonneti Steindachner, 1870　　　174

88. 黑边单鳍鱼

Pempheris oualensis Cuvier, 1831　　　176

89. 银腹单鳍鱼

Pempheris schwenkii Bleeker, 1855　　　178

90. 小鳞黑䲝

Girella leonina (Richardson, 1846)　　　180

91. 曲纹蝴蝶鱼

Chaetodon baronessa Cuvier, 1829　　　182

92. 八带蝴蝶鱼

Chaetodon octofasciatus Bloch, 1787　　　184

93. 海氏刺尻鱼

Centropyge heraldi Woods *et* Schultz, 1953　　　186

94. 日本五棘鲷

Pentaceros japonicus Steindachner, 1883　　　188

95. 尖突吻鲗

Rhynchopelates oxyrhynchus (Temminck *et* Schlegel, 1842)　190

96. 尖头金䱵

Cirrhitichthys oxycephalus (Bleeker, 1855)　　　192

97. 多棘鲤鳚

Cyprinocirrhites polyactis (Bleeker, 1874)　　194

98. 雀斑副鳚

Paracirrhites forsteri (Schneider, 1801)　　196

99. 海鲋

Ditrema temminckii Bleeker, 1853　　198

100. 库拉索凹牙豆娘鱼

Amblyglyphidodon curacao (Bloch, 1787)　　200

101. 白背双锯鱼

Amphiprion sandaracinos Allen, 1972　　202

102. 圆尾金翅雀鲷

Chrysiptera cyanea (Quoy *et* Gaimard, 1825)　　204

103. 副金翅雀鲷

Chrysiptera parasema (Fowler, 1918)　　206

104. 橙黄金翅雀鲷

Chrysiptera rex (Snyder, 1909)　　208

105. 宅泥鱼

Dascyllus aruanus (Linnaeus, 1758)　　210

106. 黑尾宅泥鱼

Dascyllus melanurus Bleeker, 1854　　212

107. 网纹宅泥鱼

Dascyllus reticulatus (Richardson, 1846)　　214

108. 胸斑雀鲷

Pomacentrus alexanderae Evermann *et* Seale, 1907　　216

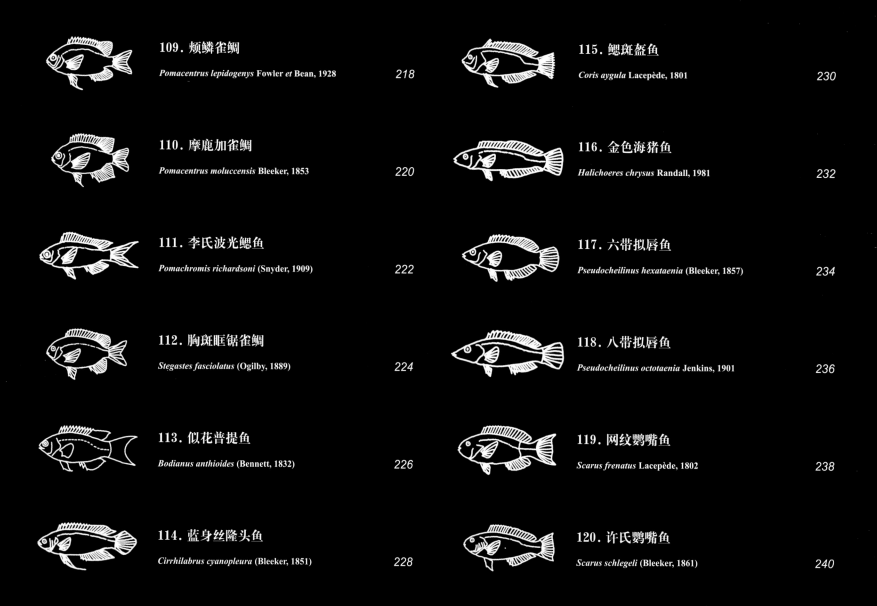

109. 颊鳞雀鲷

Pomacentrus lepidogenys Fowler *et* Bean, 1928   218

110. 摩鹿加雀鲷

Pomacentrus moluccensis Bleeker, 1853   220

111. 李氏波光鳃鱼

Pomachromis richardsoni (Snyder, 1909)   222

112. 胸斑眶锯雀鲷

Stegastes fasciolatus (Ogilby, 1889)   224

113. 似花普提鱼

Bodianus anthioides (Bennett, 1832)   226

114. 蓝身丝隆头鱼

Cirrhilabrus cyanopleura (Bleeker, 1851)   228

115. 鳃斑盔鱼

Coris aygula Lacepède, 1801   230

116. 金色海猪鱼

Halichoeres chrysus Randall, 1981   232

117. 六带拟唇鱼

Pseudocheilinus hexataenia (Bleeker, 1857)   234

118. 八带拟唇鱼

Pseudocheilinus octotaenia Jenkins, 1901   236

119. 网纹鹦嘴鱼

Scarus frenatus Lacepède, 1802   238

120. 许氏鹦嘴鱼

Scarus schlegeli (Bleeker, 1861)   240

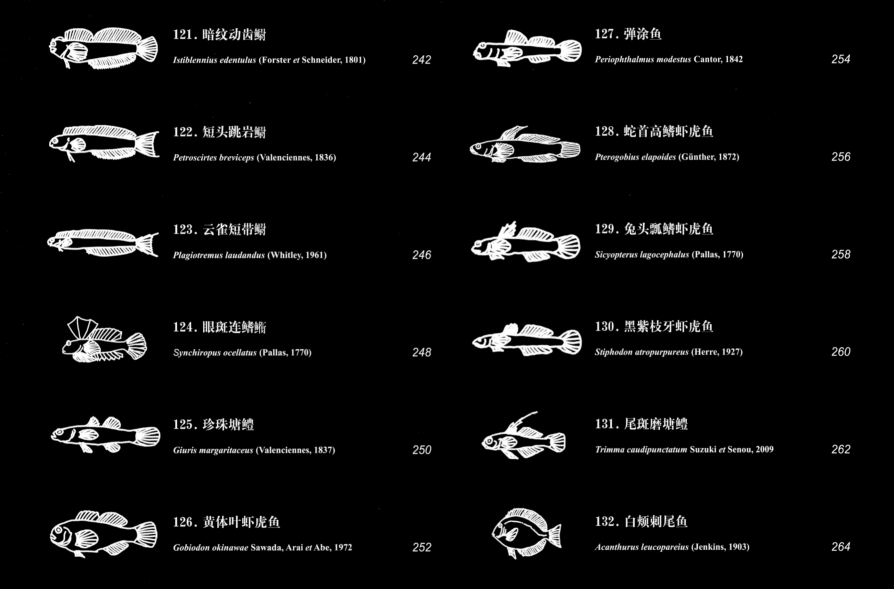

121. 暗纹动齿鳚

Istiblennius edentulus (Forster *et* Schneider, 1801)　242

122. 短头跳岩鳚

Petroscirtes breviceps (Valenciennes, 1836)　244

123. 云雀短带鳚

Plagiotremus laudandus (Whitley, 1961)　246

124. 眼斑连鳍䲗

Synchiropus ocellatus (Pallas, 1770)　248

125. 珍珠塘鳢

Giuris margaritaceus (Valenciennes, 1837)　250

126. 黄体叶虾虎鱼

Gobiodon okinawae Sawada, Arai *et* Abe, 1972　252

127. 弹涂鱼

Periophthalmus modestus Cantor, 1842　254

128. 蛇首高鳍虾虎鱼

Pterogobius elapoides (Günther, 1872)　256

129. 兔头瓢鳍虾虎鱼

Sicyopterus lagocephalus (Pallas, 1770)　258

130. 黑紫枝牙虾虎鱼

Stiphodon atropurpureus (Herre, 1927)　260

131. 尾斑磨塘鳢

Trimma caudipunctatum Suzuki *et* Senou, 2009　262

132. 白颊刺尾鱼

Acanthurus leucopareius (Jenkins, 1903)　264

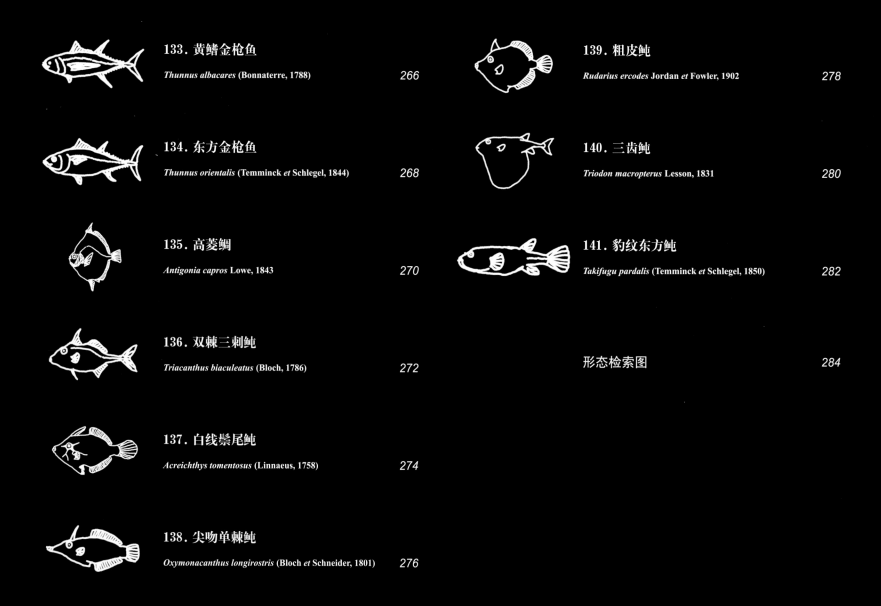

133. 黄鳍金枪鱼

Thunnus albacares (Bonnaterre, 1788)   *266*

134. 东方金枪鱼

Thunnus orientalis (Temminck *et* Schlegel, 1844)   *268*

135. 高菱鲷

Antigonia capros Lowe, 1843   *270*

136. 双棘三刺鲀

Triacanthus biaculeatus (Bloch, 1786)   *272*

137. 白线鬃尾鲀

Acreichthys tomentosus (Linnaeus, 1758)   *274*

138. 尖吻单棘鲀

Oxymonacanthus longirostris (Bloch *et* Schneider, 1801)   *276*

139. 粗皮鲀

Rudarius ercodes Jordan *et* Fowler, 1902   *278*

140. 三齿鲀

Triodon macropterus Lesson, 1831   *280*

141. 豹纹东方鲀

Takifugu pardalis (Temminck *et* Schlegel, 1850)   *282*

形态检索图   *284*

1.点纹斑竹鲨 *Chiloscyllium punctatum* Müller *et* Henle, 1838

【英文名】brownbanded bambooshark

【别名】点纹狗鲨、狗鲛

【分类地位】须鲨目Orectolobiformes

　　　　　长尾须鲨科Hemiscylliidae

【主要形态特征】

　　体延长，前部稍宽扁，后部细狭。尾细长。头长，稍平扁。背面在两背鳍间具一纵行皮嵴。吻中长，宽而圆钝。眼小，椭圆形，无瞬膜。鼻孔近口，具鼻口沟；前鼻瓣前部具一尖长鼻须，伸达上唇；后鼻瓣前部具一平扁半环形皮褶，后部具一螺旋形皮褶。口宽大，平横。齿小，齿头三角形，侧齿头细狭或无，多行在使用。喷水孔小，几乎全部位于眼的后半部下方。鳃孔5个，狭小，最后1个最宽，最后2个很接近，最后3个位于胸鳍基底上方。

背鳍2个，第一背鳍较大；**第一背鳍后缘凹入，下角尖突，起点与腹鳍基底前部相对；**第二背鳍与第一背鳍相似。尾鳍狭长，上叶较狭，下叶前部不突出，尾端圆形。臀鳍低长，与尾鳍下叶毗连，**臀鳍短于尾鳍下叶基底长。**腹鳍比第一背鳍小，外角和里角圆形，后缘圆凸。胸鳍颇狭小，后缘圆凸，外角圆钝，里角圆形。

体呈浅黄褐色，**幼鱼体侧具11条棕褐色横纹，体上和鳍上常具许多暗褐色小斑，**成鱼横纹和斑点不明显。

【生物学特性】

暖水性近海底层鱼类。喜栖息于沿海珊瑚礁区和潮间带潮池中，栖息水深85m以内。行动缓慢，常蛰伏于礁区附近海床，耐干能力强，离水可存活约12h。夜行性，主要以底栖无脊椎动物和小鱼等为食。卵生，卵壳圆形。最大全长达132cm。

【地理分布】

分布于印度—西太平洋区，西至安达曼岛和印度东部，东至菲律宾，北至日本，南至澳大利亚。我国主要分布于东海南部、南海及台湾东南部海域。

【资源状况】

小型鲨类，为我国东南沿海常见鱼类，但是数量较少，天然产量不大。主要以底拖网或底刺网捕获，可用于食用，通常腌制或加工成鱼丸等。偶见于大型水族馆。

《世界自然保护联盟濒危物种红色名录》（以下简称IUCN红色名录）将其评估为近危（NT）等级。

2. 日本半皱唇鲨 *Hemitriakis japanica* (Müller *et* Henle, 1839)

【英文名】Japanese topeshark

【别名】日本灰鲨、日本翅鲨、日本灰鲛

【分类地位】真鲨目Carcharhiniformes

皱唇鲨科Triakidae

【主要形态特征】

　　体延长侧扁。头平扁。尾细长。吻平扁中长，背视弧形，前端圆钝，侧视延长尖突。眼椭圆形，后缘稍尖，具瞬褶。鼻孔中大，前鼻瓣具一圆形突出，后鼻瓣不分化。口宽大，浅弧形，**唇褶发达**。齿宽扁，亚三角形，上下颌齿同形，2行在使用，上下颌均具一尖直正中齿，正中齿及第1~2齿两侧各具2~3小齿头，其余齿齿头外斜，内侧光滑，外侧具2~3齿头；每侧每行17齿。喷水孔小，位于眼后角后方。鳃孔5个，中大，最后2个位于胸鳍基底上方。

背鳍2个，形状相同，**第二背鳍稍小，约为第一背鳍的2/3；**前缘圆凸，后缘深凹，上角钝尖，下角延长尖突；第一背鳍起点在胸鳍后角稍后上方，第二背鳍起点在臀鳍起点稍前。尾鳍较狭长，稍大于头长，上叶颇发达，下叶前部显著三角形突出，中部低平后延，中部与后部间有一缺刻，后部小三角形突出，与上叶相连。臀鳍小于第二背鳍，后缘深凹。腹鳍起点略后于第一背鳍下角。胸鳍比第一背鳍大，近三角形。

体呈灰褐色或锈褐色，**腹面、胸鳍和背鳍后缘均白色，**尾端与背鳍端部暗褐色。

【生物学特性】

暖温性近海底层鱼类。主要栖息于温带和亚热带水深100m以上的大陆架水域。主要以小鱼、头足类及甲壳类等为食。卵胎生，每胎可产8~22尾幼鲨，初产仔鲨全长20~21cm。雄性成鱼全长85cm，最大全长达110cm；雌性成鱼全长81~102cm，最大全长达120cm。

【地理分布】

分布于西北太平洋区的中国、朝鲜半岛和日本。我国主要分布于黄海、东海、南海和台湾西北部海域。

【资源状况】

小型鲨类，主要以底拖网、流刺网及延绳钓捕获，肉质佳，可供食用，鳍制鱼翅。

3. 爪哇真鲨 *Carcharhinus tjutjot* (Bleeker, 1852)

【英文名】Indonesian whaler shark

【别名】杜氏真鲨、黑印真鲨

【分类地位】真鲨目Carcharhiniformes
真鲨科Carcharhinidae

【主要形态特征】

　　体呈纺锤形，躯干粗大，向头、尾渐细小。头宽扁。尾稍侧扁，尾基上下方各具一凹洼。吻背视三角形，前缘钝尖，侧视尖突。眼较小，圆形，瞬膜发达。鼻孔宽大，前鼻瓣后部具一三角形突出。口宽大，弧形，口宽约等于口前吻长，口闭时不露齿；唇褶不发达，仅见于口隅处。上颌齿宽扁，三角形，边缘具细锯齿，齿头外斜，外缘有一凹缺，凹缺下具2~3小齿头；下颌齿狭直，上下颌各具一很小正中齿，每颌每侧13齿；上颌齿1行、下颌齿2行在使用。喷水孔小。鳃孔5个，中大，中间3个较宽，最后2个位于胸鳍基底上方。

　　背鳍2个，第一背鳍中大，起点与胸鳍里角相对；第二背鳍颇小，起点与臀鳍起点相对。尾鳍颇长，上叶仅见于尾端近处，下叶前部显著三角形突出，中部低平后延，中部与后部间有一缺刻，后部小三角形突出，与上叶相连。臀鳍与第二背鳍同大。腹鳍大于臀鳍，近方形。胸鳍宽大，稍呈镰形。

　　体背和上侧面呈灰褐色，下侧面和腹面白色。第二背鳍前半部上方黑色，其他各鳍后缘和尾鳍下叶边缘色淡。

【近似种】

本种常被误鉴为杜氏真鲨（*C. dussumieri*），后者仅分布于印度洋波斯湾至印度海域。

【生物学特性】

暖水性近海底层鱼类。主要栖息于近岸水深100m以浅的海域。主要以小鱼和头足类等为食。卵胎生，每胎可产2尾左右幼鲨，初产仔鲨34~38cm。最大全长可达94cm。

【地理分布】

分布于西太平洋区自印度尼西亚至中国台湾。我国沿海均有分布，南海较常见。

【资源状况】

小型鲨类，主要以底拖网、流刺网及延绳钓捕获，肉质佳，可供食用，鳍制鱼翅。

4. 日本锯鲨 *Pristiophorus japonicus* Günther, 1870

【英文名】Japanese sawshark

【别名】日本锯鲛

【分类地位】锯鲨目Pristiophoriformes
　　　　　　锯鲨科Pristiophoridae

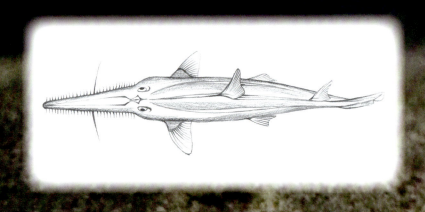

【主要形态特征】

　　体延长，前部稍宽扁，后部稍侧扁，亚圆筒形。头背侧宽扁，腹面平坦。尾细长，尾柄下侧具一皮褶。**吻平扁，很延长，突出呈剑状，两侧各有1纵行锯齿**，鼻孔前方至吻端的吻腹面具1纵行排列稀疏的较小尖齿。吻腹面中间稍后近边缘处**具扁长皮须1对**，须长约与眼前吻宽相等。眼大，上侧位，椭圆形，具一低平瞬褶。鼻孔小，圆形，前鼻瓣半环形，后鼻瓣螺旋瓣状。口宽大，浅弧形。下唇褶稍发达，上唇褶消失。齿小，平扁，基底宽大，齿头细尖，密列，多行使用。喷水孔近三角形，位于眼后，前缘和外缘里侧各具一皮膜，能开闭。鳃孔5个，中大，大小约相同，最后1个位于胸鳍基底前方。

　　背鳍2个，无硬棘；第一背鳍起点后于胸鳍里角上方，上角圆钝，后缘稍凹入，里角钝尖稍突，伸越腹鳍起点；第二背鳍比第一背鳍稍小而同形。尾鳍狭长，上叶较下叶发达，下叶不发达，前部不突出，与中部连续，中部与后部间有一缺刻，后部圆形突出，与上叶连接。腹鳍比第二背鳍小，近长方形，边缘斜直。胸鳍宽大，后缘斜直，外角和里角圆钝。

　　体呈灰褐色，腹面白色，**侧线淡白色**，各鳍后缘色浅，**吻上具2条暗褐色纵纹**。

【生物学特性】

　　暖温性近海底层鱼类。主要栖息于水深500m以浅的大陆架与上层斜坡，也发现于沿岸沙或泥底质海域。用长须及长吻感觉和掘食，主要以小型底栖动物为食。卵胎生，每胎可产约12尾幼鲨，雌鱼最大全长达136cm。

【地理分布】

　　分布于西北太平洋区日本中南部、朝鲜半岛西南部和中国北部。我国主要分布于黄海、东海和台湾海域。

【资源状况】

　　小型鲨类，较罕见。肉质佳，可供食用，锯状吻部常被干燥后制成工艺品，外形奇特，偶见于大型水族馆。

　　《中国物种红色名录》将其列为濒危（EN）等级。

9

5. 鬼深魟 *Bathytoshia lata* (Garman, 1880)

【英文名】brown stingray

【别名】鬼魟、鬼土魟、尤氏魟、牛魟、牛土魟

【分类地位】鲼目Myliobatiformes
　　　　　　魟科Dasyatidae

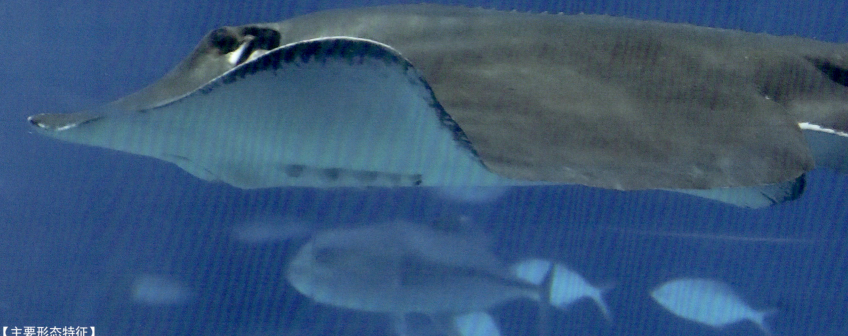

【主要形态特征】

　　体盘呈菱形，前缘斜直，与吻端成60°~70°，体盘宽为体盘长的1.2~1.3倍。吻端钝尖，呈宽三角形，顶端稍突出。眼小，喷水孔为眼径的1.5倍；眼间隔宽，为眼径的4倍。口小，口宽小于吻长的1/2，唇沟较弱，下颌微凸。**口底具乳突5个**，中央3个较大且呈叉状，两侧另各具细小乳突1个。上颌齿20行，下颌齿25行。

　　腹鳍小。尾细长，尾长为体盘宽的2倍。尾刺后方的背侧面无皮褶，而**腹侧面具低平皮褶**。幼鱼（体盘宽<60cm）体表光滑，成鱼体背中央具一纵列结刺，尾刺后有大小不一的小刺。

　　体背呈暗褐色，腹面白色。

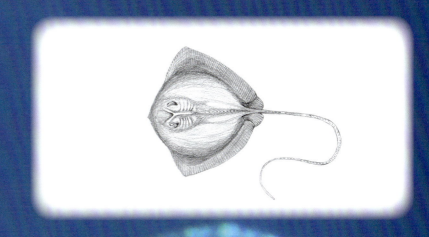

【生物学特性】

暖温性近岸底层鱼类。主要栖息于水深200m以浅的岛屿及大陆架的沙质或泥质海域，有时也进入珊瑚礁区，最大栖息深度达800m。底栖性，常将身体埋入沙内，仅露出两眼及呼吸孔，伺机捕食，主要以底栖甲壳类等为食。卵胎生，初产仔鱼体盘宽约35cm，雄鱼性成熟体盘宽约100cm，雌鱼性成熟体盘宽约110cm，最大体盘宽达260cm，最大体重达290kg。

【地理分布】

广泛分布于印度—太平洋区自非洲南部至夏威夷，东大西洋法国南部至安哥拉也有分布。我国主要分布于东海和台湾海域。

【资源状况】

大型虹类，数量不多，偶由底层刺网或延绳钓等捕获。可供食用，尾可加工做成装饰品。具有一定的观赏价值，偶见于大型水族馆。

6. 花点窄尾魟 *Himantura uarnak* (Forsskål, 1775)

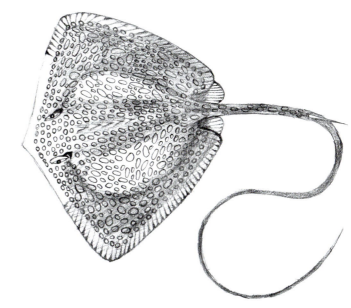

【英文名】honeycomb stingray

【别名】花点魟、豹纹土魟、鞭尾魟、黄线窄尾魟

【分类地位】鲼目Myliobatiformes

魟科Dasyatidae

【主要形态特征】

体盘呈菱形，前缘斜直，与吻端成60°~70°，体盘宽为体盘长的1~1.1倍。尾细长，呈鞭状，横截面近圆形，尾长为体盘宽的3.0~3.5倍。尾刺具毒腺，位于尾后部。吻端钝尖，呈宽三角形，顶端稍突出。眼小，眼径小于喷水孔，眼间隔宽。鼻孔每侧1个，较大，腹面，前鼻瓣连合为口盖，伸达上颌，后缘有细密的流苏。口小，唇褶和褶皱突出，上、下颌微凸，口底具较大乳突4个，之间偶有较小的乳突。上下颌齿细小且平扁。

腹鳍颇狭长，里缘与后缘连合，外角圆钝，里角消失。

成体头部和背部密被平扁盾鳞，脊椎线中央有1~3行大的心状平扁盾鳞，尾刺后密被尖细盾鳞。幼体无尾刺和结刺。

体背呈灰白色、淡黄色至赤褐色，密具黑褐色圆形或多边形斑块，尾部在尾刺前上方有密集的黑斑，尾刺后有微弱的黑色带状斑纹。腹面白色。

【生物学特性】

暖水性近岸底层鱼类。主要栖息于水深5~50m的沿岸沙泥底质海域，可进入河口及潟湖，也见于珊瑚礁周边的沙底质海域。主要以小鱼、双壳类、虾蟹类、蠕虫及水母等为食。卵胎生，每胎可产3~5尾仔鱼，初产仔鱼体盘宽21~28cm。最大体盘宽达200cm，最大体重达120kg。

【地理分布】

分布于印度—西太平洋区，西至波斯湾、红海到非洲南部，东至法属波利尼西亚，北至中国台湾，南至澳大利亚。我国主要分布于东海南部、南海和台湾海域。

【资源状况】

大型魟类，主要以底拖网或延绳钓等捕获。可供食用，皮可加工成皮革，具有一定的药用价值，可作为中药药材。观赏价值较高，常见于大型水族馆。

7.东方新虹 *Neotrygon orientalis* Last, White *et* Séret, 2016

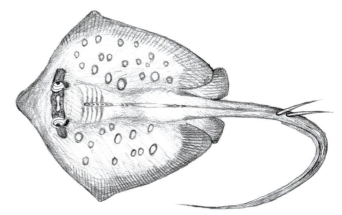

【英文名】blue-spotted stingray

【别名】古氏虹、古氏土虹

【分类地位】鲼目Myliobatiformes

　　　　　虹科Dasyatidae

【主要形态特征】

　　体盘呈斜方形，前缘斜直或微凹，与吻端成60°~70°，前角钝尖，后角尖锐。体盘宽为体盘长的1.4~1.5倍。尾颇短，为体盘长的1.3~1.5倍。吻端圆钝，不突出。眼大、显著突起，比喷水孔大。喷水孔狭小，呈S形，里侧被眼的后外部遮盖。前鼻瓣连合为口盖，伸达下颌，后缘细裂，中部微凹。口小、波曲，口底中部具显著乳突2个。齿细小。鳃孔颇宽。

　　腹鳍稍呈三角形，后部鳍条比前部短；鳍角扁长，后部尖突。尾部上皮膜短而明显，其长约等于吻长；下皮膜始于尾刺下方，几达尾端，其前部颇宽，后部渐低平。

　　幼体光滑，亚成体背上肩带区正中具平扁结鳞，成鱼自头后至尾刺前方具1纵行结鳞。

　　体背呈褐色，具不规则暗斑，散布具黑色边缘的蓝色圆斑，最大斑点为眼径的1/2~9/10；两眼前后区各具一显著暗色横斑；腹面淡白色，边缘灰褐色。尾部暗褐色，其后部具几个白色环纹；尾刺前尾部腹侧白色，尾部下皮膜边缘黑褐色。

【近似种】

　　本种常被鉴定为古氏新虹（*N. kuhlii*），曾被认为广泛分布于印度—西太平洋区，然而最新的比较形态学和分子生物学研究表明，古氏新虹仅分布于西南太平洋的所罗门群岛，有别于来自印度—西太平洋的*N. australiae*（分布于澳大利亚、新几内亚和印度尼西亚东部）、*N. caeruleopunctata*（分布于印度洋）和本种（分布于西中太平洋区）所组成的复合群，主要区别为成体大小、体背蓝斑数量及分布等。

【生物学特性】

　　暖水性近岸底层鱼类。常独居于水深90m以浅的岩礁或珊瑚礁附近的沙泥底质海域，可随涨潮进入较浅的礁盘区或潟湖内。底栖性，常将身体埋入沙内，仅露出两眼及呼吸孔，伺机捕食，主要以底栖虾蟹类为食。卵胎生，每胎可产1~2尾仔鱼，初产仔鱼体盘宽11~17cm。最大体盘宽达70cm。

【地理分布】

　　分布于西中太平洋区的印度尼西亚、马来西亚、菲律宾和台湾。我国主要分布于东海、南海和台湾海域。

【资源状况】

　　中小型虹类，数量不多，可供食用，偶由底层刺网或延绳钓等捕获。具有一定的观赏价值，偶见于大型水族馆。

8.大海鲢 *Megalops cyprinoides* (Broussonet, 1782)

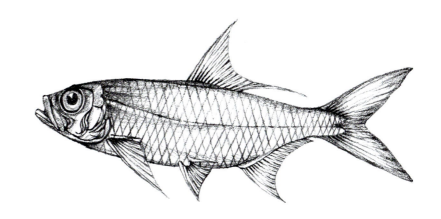

【英文名】Indo-Pacific tarpon

【别名】海鲢

【分类地位】海鲢目Elopiformes

　　　　　　大海鲢科Megalopidae

【主要形态特征】

　　背鳍16~21；臀鳍23~31；胸鳍15~16；腹鳍10~11。侧线鳞36~42。鳃耙15~17+30~35。

　　体延长，侧扁，背腹缘浅弧形。头腹面有喉板。吻略钝。眼大，眼径大于吻长。脂眼睑窄。口大，亚上位，斜裂。下颌稍突出，上颌骨后端伸达眼后缘下方或稍后。上下颌、犁骨、腭骨、翼骨和舌上均具绒毛状齿。舌圆形，游离。无假鳃。鳃耙较长。鳃盖膜不与峡部相连。

　　体被大圆鳞，排列整齐，不易脱落。鳞片的前缘呈波状，前缘有10~16条辐射线。头部和鳃盖均无鳞。臀鳍基部及尾鳍有小圆鳞。胸鳍和腹鳍基部有腋鳞。侧线平直，前端稍弯曲，侧线鳞上有辐射管。

　　背鳍始于吻端与尾鳍基的中间，最后鳍条延长为丝状，向后可伸达臀鳍基后上方。臀鳍位于背鳍后下方，臀鳍基较背鳍基为长。胸鳍位低，在鳃盖后下方。腹鳍小，始于背鳍稍前方，介于胸鳍和臀鳍起点的中间。尾鳍长而大，深叉形。

　　体背呈青灰色至深绿色，侧线以下腹部银白色。吻端灰绿色。各鳍淡黄色。背鳍和尾鳍边缘色暗。

【生物学特性】

　　暖水性近海中上层鱼类。成鱼主要栖息于近海，幼鱼则栖息于河口、内湾和红树林，并可上溯进入淡水河流中下游和湖泊。对盐度适应能力强。性凶猛，主要以鱼类和甲壳类等为食。在近海产卵繁殖，幼鱼期经柳叶状变态。最大全长达150cm，最大体重达18kg。

【地理分布】

　　分布于印度—太平洋区，西至红海和东非沿岸，东至社会群岛，北至韩国南部，南至澳大利亚新南威尔士。我国主要分布于东海南部、南海和台湾海域。

【资源状况】

　　中大型鱼类，主要以围网、拖网或流刺网等捕获。除鲜食外，还可加工成鱼干。

9. 宽带鳝鳝 *Channomuraena vittata* (Richardson, 1845)

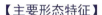

【英文名】broadbanded moray

【别名】条纹鳝鲸、环带裂口鲸、钱鳗、薯鳗、虎鳗

【分类地位】鳗鲡目Anguilliformes

海鳝科Muraenidae

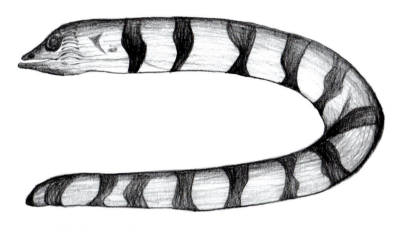

【主要形态特征】

体延长，躯干部较粗，呈圆柱状；尾部侧扁且较短，约占体长的1/3。头枕部稍隆起。吻短钝。眼小，接近吻端。鼻孔每侧2个，后鼻孔呈管状，位于眼前缘上方。口裂大，下颌长于上颌。齿细小，钩状，数多，呈多行排列，上颌齿随生长从不规则的3行增加至6行；犁骨齿列短。肛门位于体后方。

体光滑无鳞。侧线孔不明显。

背臀鳍不发达，与尾鳍连续，鳍条结构仅见于尾部后段。无胸鳍。

体呈乳白色至浅褐色，体表具13~16条不规则的具白色边缘的黑褐色环带，且环带在腹侧面常彼此相连。

【生物学特性】

暖水性近海底层鱼类。主要栖息于水深5~100m的外礁斜坡和岩架下的洞穴中。有人接近时会膨胀头部。夜行性。性凶猛，主要以鱼类和甲壳类等为食。最大全长达150cm。

【地理分布】

广泛分布于世界各热带（24°N—11°S）海域。我国主要分布于台湾海域。

【资源状况】

大型鳗类，数量稀少，偶由延绳钓或笼壶类等捕获。本种外形奇特，具有一定的观赏价值，偶见于大型水族馆。

10. 豹纹勾吻鳝 *Enchelycore pardalis* (Temminck *et* Schlegel, 1846)

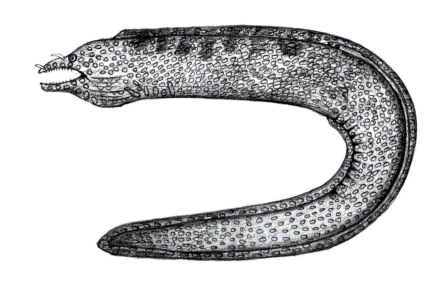

【英文名】leopard moray eel

【别名】豹纹钩吻鳝、豹海鳝、豹纹鳝

【分类地位】鳗鲡目Anguilliformes

　　　　　　海鳝科Muraenidae

【主要形态特征】

　　体延长，稍侧扁。吻部尖长。眼小，被皮肤膜覆盖，位于上颌中央上方。口大，上下颌向口内弯曲，不能完全闭合。齿犬齿状，较长，多数齿外露；上下颌齿各1行，上颌齿稍大；犁骨齿1行。鼻孔每侧2个，分离，均呈管状；前鼻孔管位于吻端，较细长；后鼻孔管长于前鼻孔管，位于眼前上方。鳃孔小，斜形。肛门位于体中央前方。

　　体光滑无鳞。侧线孔很小，不明显。

　　背鳍和臀鳍发达，与尾鳍连续。背鳍始于鳃孔前上方。臀鳍始于肛门紧后方。无胸鳍。

　　体呈红褐色，周身遍布具褐色边缘的白色圆斑，腹部斑点相连成较大且不规则的白色斑纹，体侧另具深浅褐色交错的斑纹。

【生物学特性】

　　暖水性近海底层鱼类。主要栖息于水深8~60m的沿岸岩礁洞穴或珊瑚礁缝隙中。性凶猛，主要以鱼类为食，偶尔摄食甲壳类。最大全长达92cm。

【地理分布】

　　分布于印度—太平洋区，西至留尼汪岛，东至夏威夷群岛、莱恩群岛和社会群岛，北至日本南部和朝鲜半岛南部，南至新喀里多尼亚。我国主要分布于台湾海域。

【资源状况】

　　中型鳗类，数量不多，可供食用，偶由延绳钓或笼壶类等捕获。本种外形奇特，具有一定的观赏价值，偶见于大型水族馆。

雄鱼

11. 大口管鼻鳝 *Rhinomuraena quaesita* Garman, 1888

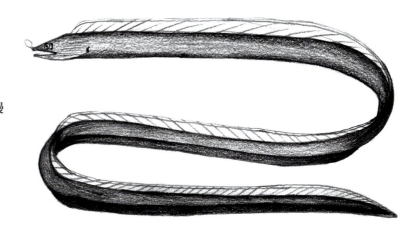

【英文名】ribbon moray

【别名】管鼻海鳝、管鼻鯙、兰身管鼻鯙、黑身管鼻鯙、海龙、五彩鳗

【分类地位】鳗鲡目Anguilliformes

海鳝科Muraenidae

【主要形态特征】

体极细长，体长为体高的70~100倍，微侧扁。眼小，眼间隔微凸。鼻孔每侧2个，分离，前鼻孔幼鱼期呈管状，其管状延长不显著；成鱼前鼻孔前端延伸为叶状皮瓣；后鼻孔无皮质突起。下颌末端具3个肉质突起。头部感觉孔3行。齿侧扁，尖形，向上弯曲。鳃孔侧位，倾斜，周围具小的皮质突。

背鳍和臀鳍发达，后部与尾鳍相连。背鳍始于头部中央的前上方，近体中部处鳍条最长。臀鳍始于肛门的紧后方，其高仅背鳍的1/2。尾鳍细小。

体色因生长和性别而异，幼鱼体呈黑色，仅下颌有1条黄色条纹，背鳍黄色且具白色边缘，臀鳍黑色；雄性成鱼体呈蓝色，仅吻部、虹膜和大部分下颌黄色，背鳍黄色且有白色窄边，臀鳍黑色；雌性成鱼体呈黄色，仅背鳍有白色边缘，臀鳍黑色。

【生物学特性】

暖水性近岸底层鱼类。主要栖息于潟湖与临海礁石周边的沙底质海域，通常隐藏在沙或碎石缝隙中，仅头露出。主要以小型鱼类为食。具性逆转习性，雄性先成熟。最大全长达130cm。

【地理分布】

分布于印度—太平洋区，西至东非沿岸，东至土阿莫土群岛，北至日本南部，南至新喀里多尼亚和法属波利尼西亚，马里亚纳群岛和马绍尔群岛也有分布。我国主要分布于台湾南部海域。

【资源状况】

中型鳗类，数量不多，无食用价值。本种外形奇特，具有较高的观赏价值，偶见于大型水族馆。

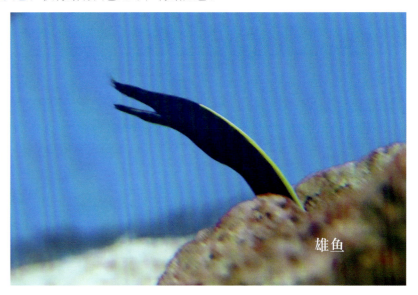

雄鱼

12.斑竹花蛇鳗 *Myrichthys colubrinus* (Boddaert, 1781)

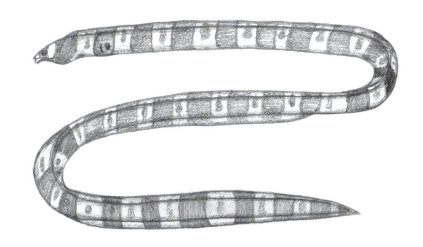

【英文名】harlequin snake eel

【别名】竹节花蛇鳗、竹节鳗

【分类地位】鳗鲡目Anguilliformes
蛇鳗科Ophichthidae

【主要形态特征】

　　体细长，略呈圆柱形，尾后部稍侧扁，体长为体高的18~68倍。头较短小，体长为头长的17~20倍。吻突出，短粗。眼小，圆形，埋于皮下。鼻孔2个，前鼻孔呈管状，后鼻孔裂缝状。口中大，下位，口裂向后伸达眼后缘下方。上颌明显长于下颌。齿短小，圆锥状，上下颌、前颌骨和犁骨齿均2行。鳃孔小，裂缝状。肛门位于体中部前方。

　　体光滑无鳞，皮肤密布许多纵行和斜行隆起线。侧线孔不明显。

　　背鳍起点位于头背中部。背鳍和臀鳍较发达，鳍条较高，止于尾端稍前方，不连续，尾端尖秃部分长约为头长1/2。胸鳍宽短。无尾鳍。

　　体呈白色，眼前缘和头中部背侧分别具不完整黑色环带，体侧另有24~28个黑色环带，各环带间距几相等，环带间及背中线或有圆形黑斑。吻端和尾端白色。

【生物学特性】

　　暖水性珊瑚礁鱼类。主要栖息于水深35m以浅的平坦沙地和海草床，善用尾尖钻穴。本种外形与蓝灰扁尾海蛇（*Laticauda colubrina*）极相似，但无毒。日行性，主要以小鱼和甲壳动物等为食。最大全长达97cm。

【地理分布】

　　分布于印度—太平洋区，西至红海和东非沿岸，东至社会群岛和法属波利尼西亚，北至日本南部，南至澳大利亚。我国主要分布于东海南部、南海和台湾海域。

【资源状况】

　　中型鳗类，数量稀少，无食用价值。本种外形奇特，具有较高的观赏价值，偶见于大型水族馆。

成鱼

13. 马苏大麻哈鱼 *Oncorhynchus masou* (Brevoort, 1856)

【英文名】 masu salmon

【别名】 孟苏大麻哈鱼、马苏钩吻鲑、齐目鱼、奇孟鱼、沙门鱼

【分类地位】 鲑形目Salmoniformes

鲑科Salmonidae

【主要形态特征】

背鳍12~17；臀鳍13~17；胸鳍12~14；腹鳍9~10。侧线鳞133~142。鳃耙18~21。

体延长，侧扁。吻突出，微弯呈鸟喙状；生殖季节雄鱼吻端突出弯曲呈钩状，上下相向如钳状。口端位，口裂大，上颌骨后端伸达眼后方。上下颌齿各1行，齿尖微弯。

体被细小圆鳞，头部裸露无鳞。侧线平直，位于体侧中部。

背鳍起点距吻端较距尾鳍基近，脂鳍大，末端游离，呈屈指状。臀鳍位于肛门后缘。胸鳍位低，远离腹鳍基底。腹鳍短小，起点在背鳍起点后下方。尾鳍微凹。

体背呈暗青色，有少数小黑斑，体侧和腹部银白色。幼鱼体侧侧线以上具8~10个长椭圆形紫黑色横斑，背部及侧线上下有同色的圆斑；生殖季节体侧有数条鲜红色横斑，尾部也略呈鲜红色。背鳍、脂鳍和尾鳍上叶具小黑斑。

【生物学特性】

冷水性溯河洄游鱼类。有洄游和陆封两种生态类型，洄游型成鱼主要栖息于水深200m以浅的近海，4—5月成熟亲鱼溯河洄游至河口，5—7月在江河下游生活，8—10月产卵，幼鱼在江河中生活1~2年后再降海，在海洋中生活1~2年性成熟后溯河产卵，产卵场位于水质清澈的砾石底质浅水区，产卵后亲鱼死亡。幼鱼主要以底栖动物、水生昆虫、甲壳类幼体和鱼卵等为食，成鱼主要以小鱼和甲壳类等为食。最大全长达80cm，最大体重达10kg。

【地理分布】

分布于西北太平洋区日本及临近海域。我国主要分布于黄海北部，绥芬河和图们江亦有分布。

【资源状况】

中型鱼类，为重要的经济鱼类，20世纪40年代绥芬河和图们江年产约几十万尾，到70年代年产减少为200~300尾。1962年在吉林珲春建立大麻哈鱼放流站向日本海放流，1990年在绥芬河进行了增殖放流，增殖效果不明显。

国家二级保护野生动物。

幼鱼

14. 花羔红点鲑 *Salvelinus malma* (Walbaum, 1792)

【英文名】dolly varden

【别名】红点鲑、花里羔子、麻马红点鲑、玛红点鲑

【分类地位】鲑形目Salmoniformes

鲑科Salmonidae

【主要形态特征】

背鳍10~16；臀鳍9~11；胸鳍14~16；腹鳍8~9。鳃耙18~24。

体延长，侧扁。头锥形，雄鱼头部较尖，雌鱼略圆。口大，端位，上颌骨后端伸达眼后缘后方。眼中大，侧上位。上下颌和犁骨具齿，但之间明显分开，舌上亦具齿。

体被细小圆鳞，头部裸露无鳞。侧线平直，位于体侧中部。

背鳍起点距吻端较距尾鳍基近，脂鳍位于臀鳍基后部上方。臀鳍位于腹鳍与尾鳍基之中点。胸鳍宽大。腹鳍短小，起点在背鳍起点后下方。尾鳍微凹或浅叉形。

体背呈土黄色至蓝灰色，体侧下部及腹面浅橙色。体背散布白色斑点，体侧散布小于瞳孔的橙色斑点，斑点边缘略呈青蓝色。背鳍、尾鳍灰黑色，胸鳍、臀鳍和尾鳍下叶边缘橙色，胸鳍和臀鳍前缘白色。

【生物学特性】

冷水性溯河洄游鱼类。有洄游和陆封两种生态类型，洄游型成鱼主要栖息于水深200m以浅的近海，秋季成熟亲鱼溯河至上游产卵，产卵后于翌年3—4月中旬孵化，幼鱼在江河中生活3~4年后再降海，在海洋中生活2~3年性成熟后再溯河产卵，产卵场位于水质清澈的砾石底质浅水区。我国分布的为陆封型。幼鱼主要以底栖动物、水生昆虫、甲壳类、植物碎屑和小鱼等为食，成鱼主要以鱼类和其他无脊椎动物为食。最大全长达127cm，最大体重达18.3kg。

【地理分布】

分布于北太平洋两岸自韩国经白令海至美国华盛顿州奎诺尔特河。我国主要分布于绥芬河、图们江和鸭绿江上游支流。

【资源状况】

中型鱼类，为重要的经济鱼类，但分布区域较局限，资源量较少。目前已开展人工养殖和资源增殖。

国家二级保护野生动物。

雄鱼

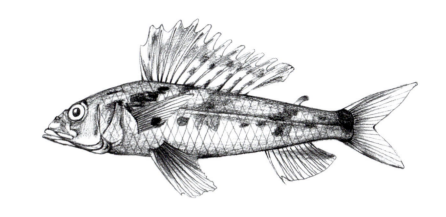

15. 日本姬鱼 *Hime japonica* (Günther, 1877)

【英文名】Japanese thread-sail fish

【别名】日本仙鱼、日本比女鱼、仙鱼、仙女鱼、姬鱼

【分类地位】仙女鱼目Aulopiformes

　　　　　仙女鱼科Aulopidae

【主要形态特征】

　　背鳍15~17；臀鳍9~10；胸鳍11~12；腹鳍9。侧线鳞41~44。

　　体延长，稍侧扁。头较大，略侧扁。吻中长，前端尖，略短于眼径。眼大，侧上位，位于头的前部。眼间隔较窄，中间凹入。具脂眼睑。鼻孔每侧1对，位于眼前方。口较大，前位，口裂略斜。上颌骨末端扩大，但不达眼后缘，下颌稍突出。上下颌具细小齿数行，圆锥状，犁骨齿呈弧形带状，腭骨齿呈窄带状。舌肥大，前端截形。鳃孔大，假鳃发达，鳃耙细长。鳃盖骨不与峡部相连。

　　体被中大栉鳞，头的背后部、颊部和鳃盖部均被鳞。侧线位于体侧中部，完全，稍直。

　　背鳍起点距吻端较距脂鳍基为近，第四鳍条最长。脂鳍较小，位于臀鳍最后2~4鳍条上方。臀鳍位于体后部，基底长约为背鳍基底长的1/2。胸鳍细长，位低，末端可伸达背鳍中部。腹鳍亚胸位，起点约与背鳍起点相对，末端超越肛门。尾鳍叉形。

　　体呈淡粉红色，体背和体侧上部有3~4块褐色云状斑块。各鳍色淡，雄鱼背鳍自第一鳍条下方斜上至第六鳍条上方有一红色斑块，其后散布黄色卵形斑点；雌鱼背鳍前半部具一些明显的暗斑，后半部散布不规则的红色斑点。腹鳍及尾鳍具橘红色斑纹。雄鱼臀鳍具黄色纵斑，雌鱼无。

【生物学特性】

　　暖水性近岸底层鱼类。主要栖息于水深85~330m的近岸沙泥或岩石底质的大陆架水域。主要以鱼类和甲壳类为食。常见个体全长约15cm，最大个体体长达22.3cm。

【地理分布】

　　分布于西太平洋区日本、朝鲜半岛和中国东南部。我国主要分布于东海、南海和台湾海域。

【资源状况】

　　小型鱼类，为底拖网常见种类，但产量较低，无食用价值。

雌鱼

16. 细身宽突鳕 *Eleginus gracilis* (Tilesius, 1810)

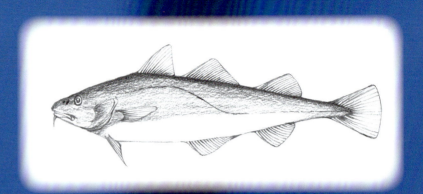

【英文名】saffron cod

【别名】远东宽突鳕、黄鳕

【分类地位】鳕形目Gadiformes
鳕科Gadidae

【主要形态特征】

背鳍11~15，15~23，18~21；臀鳍20~24，19~22；胸鳍18~21；腹鳍6。鳃耙14~24。

体呈长梭形，向后渐侧扁。头中大，近长三角形，**体长为头长的4倍以上**。口大，稍低，口缘呈马蹄形。眼较小。**上颌较下颌长**，上颌骨后端伸达眼下方。上下颌及犁骨前端有数行细尖齿。**下颌中央有一短须**，须长短于眼径但大于瞳孔径。

体被小圆鳞。侧线前部高，自第二背鳍前部下方渐下降为侧中位且呈断续状，止于尾鳍基前方，**头部无侧线孔**。

背鳍3个，远分离，第二背鳍基最长。**臀鳍2个**，第一臀鳍起点位于第二背鳍起点略前方，第二臀鳍较小。胸鳍圆刀形，侧中位。腹鳍亚喉位，第二鳍条延长呈丝状。尾鳍后缘截形或微凹。

体背呈灰褐色，**体背侧有不规则云状斑纹**，腹部银白色。各鳍灰白色，背鳍和尾鳍边缘白色。

【近似种】

本种与大头鳕（*Gadus macrocephalus*）和黄线狭鳕（*Theragra chalcogramma*）相似，区别为大头鳕体长不及头长的3.8倍，侧线在第三背鳍下方呈虚线状态；黄线狭鳕上颌较下颌短，须长短于瞳孔径。

【生物学特性】

冷水性近海底层鱼类。主要栖息于水深300m以浅的沿海，也可进入河口并上溯进入淡水河流中下游和湖泊。成鱼有季节性洄游习性，冬季在近海产卵，夏季在外海摄食育肥。主要以鱼类和小型底栖甲壳类等为食。最大全长达55cm，最大体重达1.3kg。

【地理分布】

分布于北极至北太平洋区，黄海和阿拉斯加东南的奇尔库特以北到北冰洋楚科奇海及维多利亚岛西侧均有分布。我国主要分布于黄海和图们江下游。

【资源状况】

中小型鱼类，我国较罕见。为西北太平洋海域的重要捕捞对象，为食用经济鱼类之一。

17. 菲律宾灯颊鲷 *Anomalops katoptron* (Bleeker, 1856)

【英文名】splitfin flashlight-fish

【别名】灯眼鱼、闪光鱼

【分类地位】金眼鲷目Beryciformes

灯颊鲷科Anomalopidae

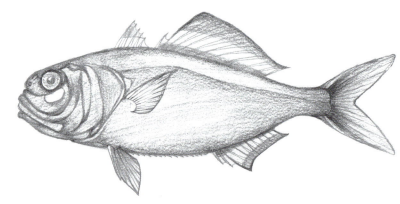

【主要形态特征】

背鳍Ⅴ~Ⅵ，Ⅰ-14~15；臀鳍Ⅱ-9~11；胸鳍18；腹鳍Ⅰ-5。侧线鳞75。

体呈长椭圆形，侧扁。头中大。吻钝，在眼前上方急转而下，略呈垂直状。眼大，眼下缘有一半月形白色发光器，并具向内旋转控制发光器关闭的构造。口大，前位，斜裂，上颌末端不及眼后缘。上下颌齿细小，犬齿状，犁骨和腭骨无齿。前鳃盖骨及鳃盖骨均无棘。鳃耙发达，第一鳃弓鳃耙8~11+23~24。

体被细小栉鳞，腹鳍底至肛门前具棱鳞。侧线完全，近平直，侧线鳞无感觉孔。

背鳍2个，第一背鳍具5~6鳍棘，第二背鳍具1鳍棘。臀鳍具2鳍棘。胸鳍侧中位。腹鳍胸位。尾鳍深叉形。

体呈深灰色至黑色，第二背鳍和臀鳍中部有白色纵带，基底及外侧部色暗。

【生物学特性】

暖水性岩礁鱼类。夜行性，白天躲藏于洞穴或阴暗处，夜晚则栖息于陡坡的暗处或利用无月光的夜晚外出觅食，栖息水深达400m。主要以浮游动物为食。最大全长达35cm。

【地理分布】

分布于西太平洋区，西至菲律宾和印度尼西亚，东至土阿莫土群岛，北至日本南部，南至澳大利亚大堡礁。我国主要分布于台湾海域。

【资源状况】

小型鱼类，较罕见，无食用价值。习性独特，常见于大型水族馆。

18．日本桥棘鲷 *Gephyroberyx japonicus* (Döderlein, 1883)

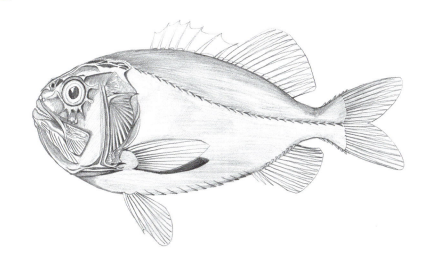

【英文名】big roughy

【别名】日本桥燧鲷、燧鲷

【分类地位】金眼鲷目Beryciformes

棘鲷科Trachichthyidae

【主要形态特征】

背鳍Ⅷ-13~14；臀鳍Ⅲ-11；胸鳍14~15；腹鳍Ⅰ-6。侧线鳞29~31。

体呈椭圆形，侧扁，体长为体高的2.2倍以上。头大而高，具大型黏液腔，外被薄膜。吻短钝。眼大，眼间隔稍凸，眼眶下缘及后缘具若干棱嵴。口大，前位，斜裂，上颌骨后端伸达眼后缘下方，下颌骨略突出，在缝合处具一小突起。上下颌齿细小，排列成绒毛状齿带；犁骨齿圆锥状，排列成三角形齿带；腭骨具齿。前鳃盖骨后下缘具一强棘，鳃盖骨上缘具一短棘。

体被小栉鳞，头部无鳞，肛门前腹缘具棱鳞。侧线略平直，侧线鳞稍大。

背鳍连续，具缺刻，鳍棘强，第四鳍棘最长，鳍条长于鳍棘。臀鳍具3鳍棘，第一鳍棘小，肛门位于臀鳍前。胸鳍侧下位。腹鳍胸位。尾鳍深叉形，上下叶缘尖。

体呈淡褐色至灰褐色，口腔及鳃腔黑色，各鳍红色至淡褐色。

【近似种】

本种与达氏桥棘鲷（*G. darwinii*）相似，区别为后者体长为体高的2.1倍以下，眼间隔微凹。

【生物学特性】

暖水性深海底层鱼类。主要栖息于水深320~660m的大陆架陡坡区，通常出现于硬质底质海域底层。主要以小鱼和虾类等为食。最大体长达20cm。

【地理分布】

分布于西北太平洋区日本和中国台湾。我国主要分布于台湾海域。

【资源状况】

小型鱼类，较罕见，偶由底拖网捕获，无食用价值。

19.红金眼鲷 *Beryx splendens* Lowe, 1834

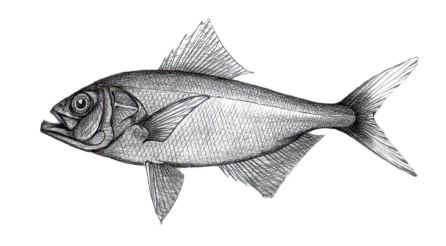

【英文名】splendid alfonsino

【别名】红鱼、红大目仔、红三角仔、红皮刀

【分类地位】金眼鲷目Beryciformes

金眼鲷科Berycidae

【主要形态特征】

背鳍IV-13~16；臀鳍IV-26~30；胸鳍16~18；腹鳍 I -9~11。侧线鳞65~83。

体呈长椭圆形，侧扁而稍高，体长为体高的2.5~2.9倍。头大，侧扁，具黏液腔，外被薄膜。吻短钝，背侧稍凹。眼大，侧上位，眶前骨上具一指向后方的短棘。口大，斜裂，上颌骨后端不及眼后缘，下颌稍突出。上下颌、犁骨和腭骨具绒毛状齿带。舌尖三角形，游离。眶前骨、眶下骨与鳃盖各骨下缘均具细锯齿。

体被中大栉鳞，背部鳞片后缘波状，鳞的露出部内有胶状物。侧线完全，伸越尾鳍基。

背鳍连续，无缺刻，第四鳍棘最长，但短于第一鳍条。臀鳍始于背鳍基底后部，臀鳍基底显著长于背鳍基底。胸鳍长。腹鳍起点稍前于背鳍。尾鳍深叉形，上下叶缘尖。

体背呈深红色，腹侧红色，具金属光泽。各鳍深红色。

【生物学特性】

暖水性深海底层鱼类。主要栖息于水深25~1 300m的大陆架陡坡区、海底山脉和海脊，成鱼一般在400~600m的深水区活动，幼鱼在大洋表层洄游生活。主要以鱼类、甲壳类和头足类等为食。最大全长达70cm，最大体重达4kg。

【地理分布】

广泛分布于世界各热带和亚热带海域。我国主要分布于南海和台湾海域。

【资源状况】

中型鱼类，较少见，偶由底拖网或围网等捕获，可供食用。

20. 掘氏拟棘鲷 *Centroberyx druzhinini* (Busakhin, 1981)

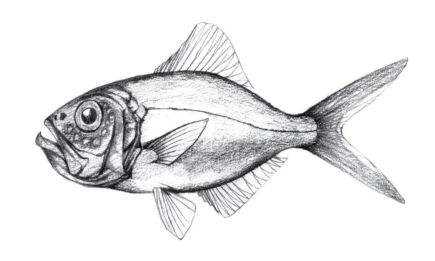

【英文名】alfonsino

【别名】红鱼、红大目仔

【分类地位】金眼鲷目Beryciformes
　　　　　　金眼鲷科Berycidae

【主要形态特征】

背鳍Ⅴ~Ⅶ-12~15；臀鳍Ⅳ-15~17；胸鳍13；腹鳍Ⅰ-7。侧线鳞53~62。

体呈椭圆形，侧扁而稍高。头大，侧扁，具黏液腔，外被薄膜。吻短钝。眼大，侧上位，眶前骨无棘。口大，斜裂，上颌骨后端不达眼后缘下方，下颌稍突出。上下颌、犁骨和腭骨具绒毛状齿带。

体被中大栉鳞，腹部具弱棱鳞。侧线平直，不伸达尾鳍基。

背鳍连续，无缺刻，具5~7鳍棘。臀鳍基底显著短于背鳍基底。腹鳍起点稍前于背鳍。尾鳍深叉形，上下叶缘尖。

头部及体侧鲜红色，腹部粉红色至银白色。胸鳍粉红色，其他各鳍鲜红色。虹膜黄色。

【生物学特性】

暖水性深海底层鱼类。栖息水深100~300m。主要以小型鱼类和甲壳类等为食。最大全长达23cm。

【地理分布】

分布于印度—西太平洋区，西至东非沿岸，东至新喀里多尼亚，北至日本南部，南至澳大利亚。我国主要分布于台湾海域。

【资源状况】

小型鱼类，较少见，偶由底拖网或延绳钓等捕获，肉质鲜美，可供食用。

21.远东海鲂 *Zeus faber* Linnaeus, 1758

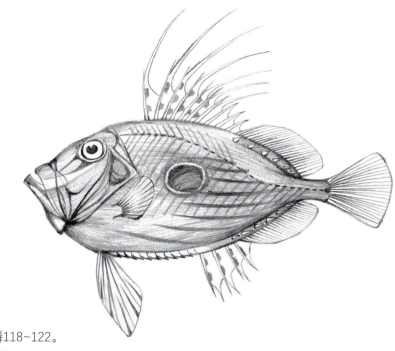

【英文名】John dory

【别名】日本海鲂、日本的鲷、豆的鲷、马头鲷、海鲂

【分类地位】海鲂目Zeiformes

　　　　　　海鲂科Zeidae

【主要形态特征】

　　背鳍X-22~24；臀鳍IV-20~23；胸鳍13~14；腹鳍I-6~7。侧线鳞118~122。

　　体呈长椭圆形，侧扁而高。头高大，侧扁。吻突出。眼中大，上侧位。眼间隔窄而隆起。鼻孔大，紧位于眼的前方。口大，斜裂。上颌宽大，后方伸达眼前缘下方，下颌突出于上颌。两颌齿呈绒毛状齿带，犁骨部具齿；腭骨无齿。两颌具厚唇。鳃孔宽大，鳃3.5个。鳃盖膜不与峡部相连。鳃耙较短，具较发达的假鳃。

　　体被细小圆鳞，微凹，似陷于皮下，排列不规则，头部仅颊部具鳞。侧线完全，为一管状线，不穿过鳞片，沿体背侧直达尾基。背鳍鳍条部和臀鳍基部各具1行棘状骨板，体下侧沿胸腹部各具1列棘状骨板。

　　背鳍1个，鳍棘部与鳍条部间具一深凹刻，鳍棘较细长，棘间膜延长呈丝状。臀鳍具4鳍棘，鳍条部与背鳍鳍条部相对。胸鳍下侧位，鳍条较短。腹鳍鳍条延长，后伸达臀鳍第四鳍棘的基部。尾鳍后缘截平。

　　体呈银灰色，体侧中部侧线下方具一大于眼径具白缘的黑色椭圆斑。

【生物学特性】

　　暖温性近海底层鱼类。主要栖息于水深5~400m的大陆架斜坡或海床。主要以集群性的鱼类为食，偶尔摄食头足类和甲壳类。最大全长达90cm，最大体重达8kg。

【地理分布】

　　广泛分布于西太平洋区日本、朝鲜半岛、中国、澳大利亚和新西兰，印度洋和东大西洋的挪威至非洲、地中海和黑海等海域也有分布。我国主要分布于黄海、东海、南海和台湾海域。

【资源状况】

　　中大型鱼类，主要以底拖网捕获。肉味鲜美，可供食用。

22.红鳍冠海龙 *Corythoichthys haematopterus* (Bleeker, 1851)

【英文名】messmate pipefish

【别名】红鳍海龙、刺冠海龙、冠海龙、冠海龙鱼

【分类地位】海龙目Syngnathiformes

海龙科Syngnathidae

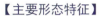

【主要形态特征】

背鳍27~30；臀鳍4；胸鳍14；尾鳍9~10。骨环16~18+32~37。

体细长，呈鞭状，躯干部为六棱形，尾部为四棱形。头细长，与身体在同一直线上。吻细长，管状。眼中等大，圆形，眼眶突出。眼间隔小于眼径，微凹。鼻孔每侧2个，很小，相距很近，紧位于眼前缘。口很小，前位，上下颌短小，微可伸缩。无齿。鳃盖隆起，主鳃盖具一完全的中纵棱。鳃孔窄小，位于头背缘。肛门位于体前方3/5处腹面。育儿囊位于雄鱼腹部，囊长约占体长的1/3。

体无鳞，完全为骨环所包。躯干部上侧棱与尾部上侧棱不相连，下侧棱与尾部下侧棱相连，中侧棱平直且终止于臀部骨环处，与尾部上侧棱几乎连续。

背鳍较长，完全位于尾部，始于尾环第一节，止于尾环第十节。臀鳍极短小，紧位于肛门后方。胸鳍较宽，扇形，侧位。尾鳍圆形。

体呈淡黄褐色，体侧有20余个黑斑。雄鱼胸部、腹面各有3条黑色横带，间有2条白色横带。管状吻、体背部棱棘及尾鳍橘红色。

【生物学特性】

暖水性近岸鱼类。主要栖息于水深3m以浅且有遮蔽的碎石与泥沙混合或半淤泥底质海域。游泳缓慢，常作垂直游动。靠吻部伸长吸食饵料，主要以桡足类、端足类、糠虾、细螯虾等小型甲壳类等为食。卵胎生，繁殖时配对产卵，雌鱼产卵于雄鱼育儿囊中，卵在囊内受精，卵孵化后，育儿囊自然张开，幼鱼即游出亲鱼体外，每胎可产400余尾。

【地理分布】

分布于印度—太平洋区，西至东非沿岸，东至瓦努阿图，北至日本南部，南至澳大利亚。我国主要分布于东海、南海和台湾海域。

【资源状况】

小型鱼类，在浙江北部沿海全年均可用定置张网等网具捕获，产量居各种海龙之首。无食用价值，可做药用，也可作为水族观赏，具有较高的经济价值。

23.蓝带矛吻海龙 *Doryrhamphus excisu* Kaup, 1856

【英文名】bluestripe pipefish

【别名】矛吻海龙鱼、红海矛吻海龙、波斯湾矛吻海龙、黑带海龙

【分类地位】海龙目Syngnathiformes

海龙科Syngnathidae

【主要形态特征】

背鳍21~29；臀鳍4；胸鳍19~23；尾鳍10。骨环17~19+13~17。

体细长，躯干部显著长于尾部。头细长，与身体在同一直线上。吻略突出，吻长大于眼后头长，吻至眼间隔的背部正中具1行强锯齿状嵴，两侧无棘列；雄鱼吻部腹面具一骨质突起。眼较大，圆形，眼间隔微凹。鼻孔每侧2个，很小，相距很近，紧位于眼前缘。口小，前位，无齿。鳃盖上部具很多辐射状嵴。鳃孔窄小，位于头侧后背缘。

体无鳞，完全为骨环所包，体骨环棱末端均具一棘状突起。躯干部上、下侧棱与尾部上、下侧棱均不相连续，躯干部中侧棱与尾部下侧棱连续。

背鳍较长，始于尾环第十五节，止于尾环第三节。臀鳍短小，紧位于肛门后方。胸鳍较宽，侧位。无腹鳍。尾鳍大，约为头长的2/3。

体呈橘黄色，体侧自吻端经眼向后至尾鳍基具一蓝色纵带，腹面自峡部向后也具一蓝色纵带向后与体侧纵带汇合。背鳍、臀鳍和胸鳍色浅，尾鳍褐色，有4~5个橘黄色斑块。

【生物学特性】

暖水性近岸鱼类。主要栖息于水深50m以浅的潮池、潟湖、礁区和珊瑚礁外缘，常隐藏于缝隙中。靠管状吻摄取小型浮游动物。卵胎生，繁殖时配对产卵，雌鱼产卵于雄鱼育儿囊中孵化。最大全长达7cm。

【地理分布】

分布于印度—太平洋区，西至东非沿岸，东至太平洋中南部，北至日本南部，南至澳大利亚。我国主要分布于南海和台湾海域。本种还有2个亚种，即分布于红海的短蓝带矛吻海龙（*D. e. abbreviatus*）和分布于东太平洋美国西海岸的卷尾矛吻海龙（*D. e. paulus*），与本亚种的区别主要为背鳍鳍条数和体环数。

【资源状况】

小型鱼类，较罕见，偶为潜水捕获。无食用价值，可做药用，也可作为水族观赏，偶见于大型水族馆。

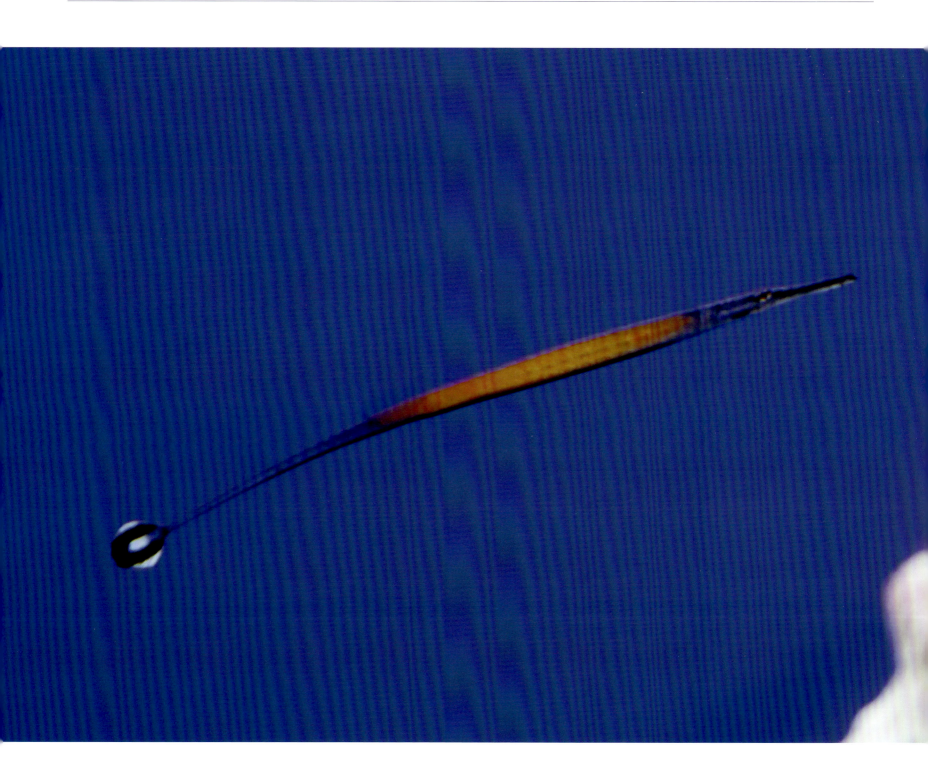

24.强氏矛吻海龙 *Doryrhamphus janssi* (Herald *et* Randall, 1972)

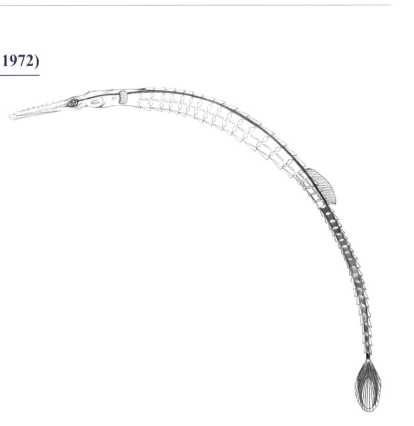

【英文名】Janss' pipefish

【别名】海龙

【分类地位】海龙目Syngnathiformes
海龙科Syngnathidae

【主要形态特征】

背鳍22~25；臀鳍4；胸鳍19~21；尾鳍10。骨环16+21~23。

体延长，纤细。头细长，与身体在同一直线上。吻细长，管状，吻长略大于眼后头长，吻至眼间隔的背部正中具1行强锯齿状嵴，两侧亦具1列棘刺。眼中等大，圆形，眼间隔微凹。鼻孔每侧2个，很小，相距很近，紧位于眼前缘。口小，前位，无齿。鳃盖隆起，主鳃盖具一完全的中纵棱。鳃孔窄小。

体无鳞，完全为骨环所包。躯干部上、下侧棱与尾部上、下侧棱均不相连续，躯干部中侧棱与尾部下侧棱连续。

背鳍较长。臀鳍短小，紧位于肛门后方。胸鳍侧位。无腹鳍。尾鳍大，后缘圆形。

体中部呈橘黄色，头部及尾部深蓝色。尾鳍黑色，中央及边缘白色。

【生物学特性】

暖水性近岸鱼类。主要栖息于水深35m以浅的潮池和礁石的裂隙中，也发现于掩蔽的岩礁内侧，通常在大片的珊瑚下方而有海绵的洞穴附近。是非常活跃的清洁工，可啄食雀鲷和天竺鲷等鱼皮肤上的寄生生物。常成对生活。

【地理分布】

分布于中西太平洋区，西至泰国湾，东至所罗门群岛，北至菲律宾，南至澳大利亚昆士兰，在密克罗尼西亚的帕劳和特鲁克群岛也有分布。我国仅在台湾南部海域有分布记录。

【资源状况】

小型鱼类，较罕见，偶为潜水捕获。无食用价值，可做药用，也可作为水族观赏，偶见于大型水族馆。

25.带纹斑节海龙 *Dunckerocampus dactyliophorus* (Bleeker, 1853)

【英文名】ringed pipefish

【别名】带纹矛吻海龙、黑环矛尾海龙、指环矛吻海龙、斑节海龙

【分类地位】海龙目Syngnathiformes
　　　　　　海龙科Syngnathidae

【主要形态特征】

　　背鳍20~26；臀鳍4；胸鳍18~22；尾鳍10。骨环15~17+18~22。

　　体延长，纤细。头细长，与身体在同一直线上。吻细长，管状，吻长略大于眼后头长，吻至眼间隔的背部正中具1行强锯齿状嵴，两侧亦具1列棘刺。眼中等大，圆形，眼间隔微凹。鼻孔每侧2个，很小，相距很近，紧位于眼前缘。口小，前位，无齿。鳃盖隆起，主鳃盖具一完全的中纵棱。鳃孔窄小。

　　背鳍较长。臀鳍短小，紧位于肛门后方。胸鳍侧位。无腹鳍。尾鳍长大，后缘圆形。

　　头部及体侧具黄褐色到红色与白色相间的横带。尾鳍红色，边缘白色，中央有黄色或白色的斑点。

【生物学特性】

　　暖水性近岸鱼类。主要栖息于水深56m以浅的潮池、潟湖和外礁斜坡，常隐藏于洞穴或缝隙中。靠管状吻摄取小型浮游动物。卵胎生，繁殖时配对产卵，雌鱼产卵于雄鱼育儿囊中孵化。最大全长达19cm。

【地理分布】

　　分布于印度—太平洋区，西至红海和东非沿岸，东至萨摩亚，北至日本，南至澳大利亚。我国主要分布南海和台湾海域。

【资源状况】

　　小型鱼类，较罕见，偶为潜水捕获。无食用价值，可做药用，也可作为水族观赏，偶见于大型水族馆。

26.克氏海马 *Hippocampus kelloggi* Jordan *et* Snyder, 1901

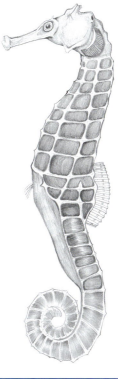

【英文名】great seahorse

【别名】大海马、大海马鱼、葛氏海马、琉球海马

【分类地位】海龙目Syngnathiformes

海龙科Syngnathidae

【主要形态特征】

背鳍17~19；臀鳍4；胸鳍17~19。骨环11+39~41。

体侧扁，头部与躯干部几成直角，腹部突出。躯干部七棱形，尾部四棱形，卷曲。头及腹侧棱棘较发达，体上其他棱嵴短钝。顶冠较高，顶端具5个短棘。吻细长，呈管状，吻长等于或大于眼后头长。眼较大，侧位而高。眼间隔小于眼径，平坦或微隆起。鼻孔小，每侧2个，紧位于眼前方。口小，端位，口裂小，近水平。无齿。鳃盖突出，无放射状嵴纹。鳃孔小。头侧及眶上、颊下各棘均较粗，略向后方弯曲。肛门位于躯干第十一体节腹面。

体无鳞，完全包于骨环内。各鳍无棘。

背鳍长，较发达，位于躯干最后2体环及尾部最前2体环背方。臀鳍短小。胸鳍短宽，略呈扇形。无腹鳍和尾鳍。

体色因生长和栖息地环境差异而多变，一般呈灰褐色，体侧具不规则的白色线纹或斑点。

【生物学特性】

暖水性近海鱼类。主要栖息于具有海藻丛的潟湖和礁石区及珊瑚礁区，栖息水深达120m。主要以桡足类、糠虾和毛虾等小型浮游甲壳动物为食。卵胎生。体型较大，最大全长达28cm。

【地理分布】

分布于印度—西太平洋区，西至红海和东非沿岸，东至豪勋爵岛，北至日本，南至澳大利亚。我国主要分布于东海、南海和台湾海域。

【资源状况】

小型鱼类，无食用价值，可做药用，也可作为水族观赏，具有较高的经济价值。

国家二级保护野生动物，IUCN红色名录将其评估为易危（VU）等级。

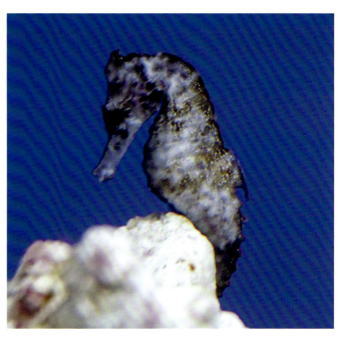

27.拟海龙 *Syngnathoides biaculeatus* (Bloch, 1785)

【英文名】alligator pipefish

【别名】双棘拟海龙、棘海龙

【分类地位】海龙目Syngnathiformes
海龙科Syngnathidae

【主要形态特征】

背鳍38~48；臀鳍4；胸鳍20~24。骨环15~18+40~54。

体延长，平扁，躯干部粗强，尾部细尖卷曲，尾部短于头部与躯干部的合长。躯干部近四棱形，尾部前方六棱形，后方渐细，为四棱形。头长，与身体在同一直线上。吻长而侧扁。眼较大，圆形，眼眶稍突出。眼间隔小于眼径，平坦或微凹。鼻孔每侧2个，很小，相距很近，紧位于眼前缘。口小，前位，口闭时口裂近垂直。两颌较大，微可伸缩。无齿。鳃盖突出，无纵棱，但有明显的放射线纹。鳃孔窄小，侧位。

体无鳞，完全为骨环所包。躯干部上侧棱与尾部上侧棱相连，下侧棱与尾部下侧棱相连，中侧棱尾端上扬，终止于背鳍基底末端下方的尾环。

背鳍较长，始于体环最末节，止于尾环第九至第十节。臀鳍极短小，紧位于肛门后方。胸鳍短宽，侧位而低。无腹鳍和尾鳍。

体色因栖息地环境差异而多变，黄绿色、黄褐色、灰色不等，自吻端沿吻管上侧缘经眼沿躯干中侧棱下缘具一深绿色条纹。背鳍、臀鳍和胸鳍黄绿色。

【生物学特性】

暖水性近岸鱼类。主要栖息于水深10m以浅具遮蔽的海岸浅滩，或生活于海藻场或海草丛中。卵胎生。最大全长达29cm。

【地理分布】

分布于印度—太平洋区，西至红海和东非沿岸，东至萨摩亚，北至日本南部，南至澳大利亚新南威尔士。我国主要分布于南海和台湾海域。

【资源状况】

小型鱼类，无食用价值，可做药用，也可作为水族观赏，具有较高的经济价值。

28．魔拟鲉 *Scorpaenopsis neglecta* Heckel, 1837

【英文名】 yellowfin scorpionfish

【别名】 光鳃拟鲉、驼背拟鲉、斑鳍石狗公

【分类地位】 鲉形目Scorpaeniformes

鲉科Scorpaenidae

【主要形态特征】

背鳍XII-9~10；臀鳍III-5；胸鳍16~20；腹鳍 I -5。侧线鳞22~25。

体呈长椭圆形，略侧扁，背部明显隆起。头中大，棘棱具明显的锯齿。吻较长，圆钝。眼颇小，上侧位，略突出于头背；眼间隔大于眼径，宽凹。口中大，上端位，与水平呈50°倾斜。下颌长于上颌，前端具一向下骨突，上颌前端凹入，上颌骨后端伸达眼中部下方。上下颌及犁骨具细齿，犁骨齿群左右相连呈"人"字形；腭骨无齿。舌厚大，舌端尖小，游离。鳃孔宽大。鳃盖膜左右分离或微连。鳃耙短粗，上端具细刺。假鳃发达。

顶棱、眶上棱、眶下棱和眶前骨侧棱具锯齿，颅骨棘不明显。吻端具3皮须，上下颌、前鳃盖骨、鳃盖骨和下鳃盖骨均具大小不规则皮瓣，侧线、体侧和鳍上散布大小皮瓣。

体被栉鳞，胸部和腹部具圆鳞和栉鳞。侧线完全，上侧位，斜直，后部平直，伸达尾柄基部。

背鳍起点位于鳃盖骨上棘上方，第三至第四鳍棘最长，鳍条部后端几伸达尾鳍基底。臀鳍起点位于背鳍鳍条部前端下方。胸鳍宽圆，下侧位。腹鳍胸位，后端几伸达肛门。尾鳍圆截形。

体色因栖息环境而多变，一般体呈红褐色，腹侧色稍浅。胸鳍内侧基部具一黑斑，外缘有一黑色带。

【生物学特性】

暖水性近海底层鱼类。主要栖息于水深40m以浅的近海泥沙底质海域或外围礁区。近底层游泳生活，活动范围不大，无远距离洄游习性。具伪装能力，可伺机捕食小鱼、甲壳类和其他无脊椎动物。属刺毒鱼类，鳍棘基部具毒腺，被刺伤后可发生剧烈阵痛。最大体长达19cm。

【地理分布】

分布于印度—西北太平洋区，西至非洲南部，东至萨摩亚，北至日本南部，南至澳大利亚。我国主要分布于东海、南海和台湾海域。

【资源状况】

小型鱼类，偶由底拖网等捕获，可供食用，经济价值不大。

29.许氏平鲉 *Sebastes schlegelii* Hilgendorf, 1880

【英文名】Korean rockfish

【别名】黑鲪、黑平鲉、黑头

【分类地位】鲉形目Scorpaeniformes

平鲉科Sebastidae

【主要形态特征】

背鳍 XIII~ XIV -11~13；臀鳍Ⅲ-6~7；胸鳍17~18；腹鳍Ⅰ-5。侧线鳞37~53。

体呈长椭圆形，侧扁。头中大。吻短，圆钝。眼大，圆形，侧上位。眼间隔宽平，微凹，额棱低延。口中大，端位，斜裂。下颌略突出，前端有一向下骨突，上颌骨后端伸达眼后缘下方。上下颌、犁骨及腭骨具细齿，犁骨齿群左右相连，呈"人"字形。眶前骨下缘具3大棘，前鳃盖骨后缘具5棘，鳃盖骨后上角具2棘。

体被中大栉鳞，胸部和腹部被小圆鳞，上下颌和鳃盖骨无鳞。侧线完全，稍弯曲。

背鳍连续，始于鳃孔上方，鳍棘部与鳍条部间有一凹刻。臀鳍与背鳍鳍条部相对，第二鳍棘粗大，鳍条部呈圆形。胸鳍长大，圆形，后端伸达肛门。腹鳍胸位。尾鳍截形或稍圆凸。

体背部呈灰褐色，腹面灰白色，体侧具许多不规则小黑斑，头后背部、背鳍鳍棘部、臀鳍鳍条部及尾柄处各有一不规则暗色横纹。颊部具3条暗色斜纹，顶棱前后具2条横纹，上颌后部有1条黑色横纹。各鳍灰黑色。

【生物学特性】

冷温性近海底层鱼类。主要栖息于水深100m以浅的近海岩礁或泥沙底质海域，幼鱼多分布于沿岸，成鱼常在深水激流处活动，无远距离洄游习性。主要以小鱼、甲壳类和等足类等为食。卵胎生，繁殖期为4—6月，初产仔鱼全长约5.7mm。刺毒鱼类，刺伤后创口红肿、疼痛。最大全长达61cm，最大体重达3.1kg。

【地理分布】

分布于西北太平洋区日本、朝鲜半岛和中国。我国主要分布于渤海、黄海和东海海域。

【资源状况】

中型鱼类，主要以钩钓和网捕捕获。为我国黄海和渤海常见的食用经济鱼类，也是近海增殖和人工养殖的重要对象之一。

30.赫氏无鳔鲉 *Helicolenus hilgendorfii* (Döderlein, 1884)

【英文名】rosefish

【别名】无鳔鲉、虎头鱼

【分类地位】鲉形目Scorpaeniformes

平鲉科Sebastidae

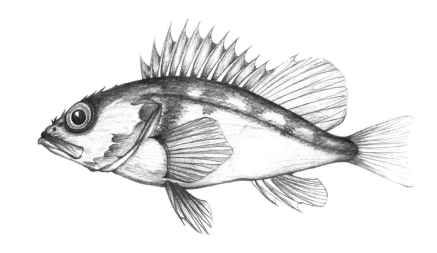

【主要形态特征】

背鳍Ⅻ-11~13；臀鳍Ⅲ-4~6；胸鳍16~20；腹鳍Ⅰ-5。侧线鳞25~30。

体呈长椭圆形，侧扁。头大，头部棘棱显著，额棱和顶棱低平。吻短而钝，吻长小于眼径。眼大，圆形，侧上位。眼间隔狭而深凹。口中大，端位，斜裂。上下颌约等长，下颌前端具一向下骨突，上颌骨后端伸达眼后部下方。上下颌、犁骨及腭骨具细齿，犁骨齿群左右相连，呈"人"字形。眶前骨下缘无棘，前鳃盖骨后缘具5棘，鳃盖骨后上角具2棘。无鳔。鳃耙短小，颗粒状。

体被中大栉鳞，胸部被圆鳞，上下颌、吻部无鳞。侧线完全，侧上位，伸达尾鳍基底。

背鳍连续，起点位于鳃盖骨上棘上方，鳍棘部与鳍条部间有一浅凹刻。臀鳍基底长短于背鳍鳍条部基底长。胸鳍宽大，下部鳍条不分支，鳍端呈指状突出，胸鳍腋部有一大皮瓣。腹鳍胸位。尾鳍后缘截形，微凹。

体呈褐红色，体侧具4条褐红色横纹，位于背鳍下方和尾鳍等处。鳃盖内面黑色。

【生物学特性】

冷温性近海底层鱼类。主要栖息于水深150~500m的近海沙泥底质海域。主要以甲壳类、鱼类和其他无脊椎动物为食。刺毒鱼类，被刺后剧痛。常见个体体长约20cm。

【地理分布】

分布于西北太平洋区日本、朝鲜半岛南部和中国。我国主要分布于东海和台湾海域。

【资源状况】

中小型鱼类，主要以延绳钓和底拖网等捕获，产量不大。肉质鲜美，有一定经济价值。

31.玫瑰毒鲉 *Synanceia verrucosa* **Bloch** *et* **Schneider, 1801**

【英文名】stonefish

【别名】肿瘤毒鲉、老虎鱼

【分类地位】鲉形目Scorpaeniformes

     毒鲉科Synanceiidae

【主要形态特征】

  背鳍XII~XIV-5~7；臀鳍III-5~6；胸鳍17~19；腹鳍Ⅰ-5。

  体中长，前部粗大，体宽大于体高，尾部向后渐狭小。头宽大，平扁。吻宽大，圆钝。鼻孔2个，甚小。眼小，圆形，稍突出于头背。眼间隔宽大深凹，眼前下方具一U形凹窝，眼后下方各具一深窝。口中大，上位，口裂垂直，口缘具穗状皮瓣。下颌上包于上颌前方，前端具一向下骨突；上颌前端凹入。上下颌具细齿，犁骨和腭骨无齿。头部具粗钝骨棱和棘突。鳃孔宽大。

  体无鳞，皮厚，全体和鳍上散布肉突和皮瓣。侧线黏液孔不明显。

  背鳍很长，起点位于鳃盖骨上棘前上方，鳍棘仅末端露出。臀鳍起点位于背鳍鳍条部稍前下方。胸鳍宽大，下侧位，下端伸达眼前方，后端伸达臀鳍起点。腹鳍胸位，几伸达肛门。尾鳍圆截形。各鳍均包盖厚皮。

  体色因栖息地环境差异而多变，通常与周边环境颜色相似。

【生物学特性】

  暖水性近海岩礁鱼类。主要栖息于水深30m以浅的近海潮间带水域，常潜伏于洞穴、礁隙、海藻丛或埋于沙中。体态和体色与周围环境相似，适于隐蔽，很少活动。主要以鱼类和甲壳动物为食。为毒性最强的刺毒鱼类之一，鳍棘每侧各具一前侧沟，自鳍棘基部通至端部，沟内具毒腺组织，毒液为外毒素，能被加热或胃液破坏。常见个体全长约27cm，最大体长达40cm，最大体重达2.4kg。

【地理分布】

  分布于印度—太平洋区，西至红海和东非沿岸，东至法属波利尼西亚，北至日本琉球群岛和小笠原群岛，南至澳大利亚昆士兰。我国主要分布于南海和台湾海域。

【资源状况】

  中型鱼类，产量不大。肉质鲜美，有一定经济价值。

32.棘绿鳍鱼 *Chelidonichthys spinosus* (McClelland, 1844)

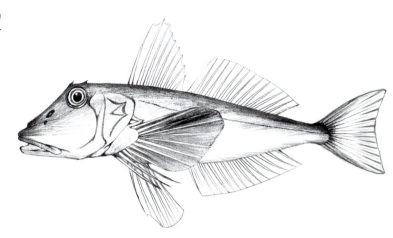

【英文名】spiny red gurnard

【别名】小眼绿鳍鱼、绿姑、鲂鮄

【分类地位】鲉形目Scorpaeniformes

鲂鮄科Triglidae

【主要形态特征】

背鳍IX-15~17；臀鳍15~16；胸鳍14；腹鳍I-5。鳃耙1~2+8~10。

体延长，稍侧扁，近圆筒形，向后渐细。头中大，四棱形，头背面与侧面均被骨板。吻长大，吻端截形略凹，具小棘。眼小，上侧位，近头背缘。口大，下端位，口裂低斜，上颌骨后端不达眼前缘下方。上下颌及犁骨具绒毛状齿群，犁骨齿群相连呈横月形；腭骨无齿。舌圆厚，前端略游离。前鳃盖骨和鳃盖骨各具2短棘。

体被细小圆鳞，背鳍基底两侧具一纵列棘楯板。侧线斜直，上侧位，伸达尾鳍基底。

背鳍2个，第一背鳍始于胸鳍基底上方，第二背鳍基底较长。臀鳍与第二背鳍相对，胸鳍长而宽大，下方具3指状游离鳍条。腹鳍胸位，末端伸达肛门。尾鳍后缘浅凹。

体背呈红色，腹部白色，体侧具蠕虫状斑纹。胸鳍内侧橄榄绿色，下半部散布蓝色斑点，边缘蓝色。

【生物学特性】

暖温性近海底层鱼类。主要栖息于沙质或沙泥底质海域，以胸鳍游离鳍条可在海底匍匐爬行，栖息水深25~615m。主要以浮游动物、小鱼和头足类等为食。最大全长达40cm，最大体重达950g。

【地理分布】

分布于西太平洋区自日本北海道南部至中国南海。我国沿海均有分布。

【资源状况】

小型鱼类，主要以拖网等捕获，可供食用。

33. 强棘杜父鱼 *Enophrys diceraus* (Pallas, 1787)

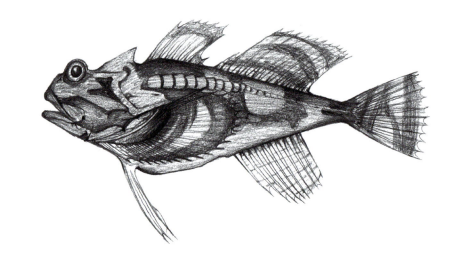

【英文名】antlered sculpin

【别名】角杜父鱼

【分类地位】鲉形目Scorpaeniformes

杜父鱼科Cottidae

【主要形态特征】

背鳍Ⅶ~Ⅷ-12~15；臀鳍10~13；胸鳍16~19；腹鳍Ⅰ-3；尾鳍18。侧线孔34~38。

体中长，粗壮，前部稍侧扁，向后渐狭小。头大，略侧扁，眼前背缘陡斜，眼后背缘低斜，头背有2对发达骨棱。吻短，圆钝。鼻孔宽大，每侧2个，围绕厚皮。眼中大，圆形，眼球上半部突出于头背缘。眼间隔深凹。口中大，下端位，口裂低斜。上颌略长于下颌，上颌后端宽圆，伸达瞳孔后缘下方，下颌及上颌后端具细须。上下颌及犁骨具细齿带，犁骨齿带呈Λ形，腭骨无齿。眶前骨下缘具2钝棘，前鳃盖骨后缘具4棘，上棘强大，后端伸达背鳍第四鳍棘下方，上缘具7向前小棘；鳃盖骨具1棘，下鳃盖骨具2棘。鳃孔宽大。鳃耙短小。

体无鳞，具皮刺。侧线上侧位，沿侧线具一纵列骨板，骨板粗糙，各具一中央棘。胸鳍内侧具短小皮刺。

背鳍2个，第一背鳍起点约位于鳃盖骨后缘上方，鳍棘细小。臀鳍起点位于背鳍第二鳍条下方，无鳍棘。胸鳍宽大，伸达臀鳍第三鳍条上方。腹鳍狭长，后端不伸达肛门。尾鳍后缘近截形。

体色因栖息地环境差异而多变，体背侧具5条横纹，头体密布斑点，眼球具辐射状条纹。臀鳍色浅，具土黄色斑点。其他各鳍具白斑或白色带纹。

【生物学特性】

冷水性近海底层鱼类。主要栖息于水深380m以浅的近海水域。最大全长达32cm，最大体重达760g。

【地理分布】

分布于北太平洋区日本海至阿拉斯加东南部。我国主要分布于黄海海域。

【资源状况】

小型鱼类，极罕见。

雄鱼

34.许氏菱牙鲐 *Caprodon schlegelii* (Günther, 1859)

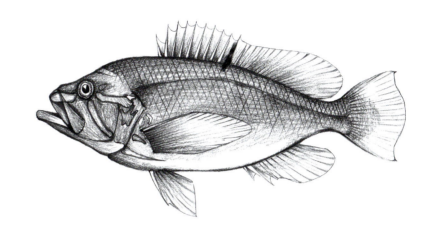

【英文名】sunrise perch

【别名】红鸡鱼、异臂花鲐、红鱼

【分类地位】鲈形目Perciformes

鮨科Serranidae

【主要形态特征】

背鳍X-19~21；臀鳍III-7~8；胸鳍15~17；腹鳍I-5。侧线鳞55~61。

体呈长椭圆形，侧扁。头中大，稍尖。眼中大，上侧位，眼间隔微凸。吻短而略圆钝。口中大，倾斜。下颌稍突出，上颌骨末端扩大，伸达眼中部下方。上下颌、犁骨、腭骨和舌上均具齿，犁骨齿群呈菱形，上下颌前方具犬齿。前鳃盖骨边缘具细锯齿，鳃盖骨具2扁平棘。

体被细小栉鳞，背鳍和臀鳍基底具发达鳞鞘。侧线完全，与背缘平行。

背鳍连续，无缺刻，鳍棘部基底短于鳍条部基底。臀鳍起点位于背鳍鳍条下方，第三鳍棘最强大。胸鳍长，后端伸达臀鳍第三鳍棘基底上方。腹鳍后端不伸达肛门。尾鳍后缘圆形或浅凹形。

体色因性别而异，雄鱼体呈桃红色，背鳍鳍棘部后半部至鳍条部前半部之间具一不规则大黑斑；雌鱼体呈红黄色，背鳍基部具4~5个大小不一的黑色斑块。

【生物学特性】

暖水性近海底层鱼类。主要栖息于水深50~200m的近海大陆架礁石区或沙底质海域。

【地理分布】

广泛分布于南印度洋和西太平洋区热带和亚热带海域。我国主要分布于东海、南海和台湾海域。

【资源状况】

小型鱼类，较罕见，可供食用，偶由延绳钓和底拖网等捕获。

雌鱼

35.青星九棘鲈 *Cephalopholis miniata* (Forsskål, 1775)

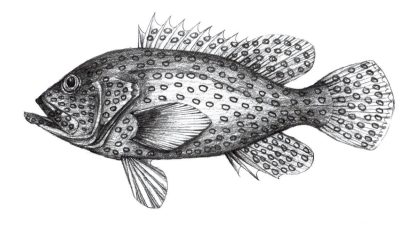

【英文名】coral hind

【别名】红鳍

【分类地位】鲈形目Perciformes

鮨科Serranidae

【主要形态特征】

背鳍IX-14~15；臀鳍III-8~9；胸鳍17~18；腹鳍 I -5。侧线鳞（孔）47~55。

体呈长椭圆形，侧扁。头中大。眼中大，侧上位。口大，略倾斜。上颌骨末端扩大，伸达瞳孔后下方。两颌齿细小，前端各具小犬齿1~2对；犁骨齿呈三角形窄带状；腭骨齿窄带状；舌上无齿。前鳃盖骨具极细弱的锯齿。鳃盖骨3扁棘。鳃耙细长。

体被细栉鳞，头部除吻端和上下颌外皆被鳞。侧线完全。

背鳍鳍棘部和鳍条部相连，无缺刻，第一鳍棘短，向后各鳍棘渐增长。臀鳍与背鳍鳍条部相对，第二鳍棘较粗壮。胸鳍宽大，边缘圆形。腹鳍尖细，末端不伸达肛门。尾鳍圆形。

体呈橙黄色至红褐色，头部、体侧及奇鳍均散布具暗色边缘约与瞳孔等大的蓝色斑点。背鳍、臀鳍鳍条部和尾鳍具内黑外蓝的边缘。腹鳍边缘蓝色。

【生物学特性】

暖水性近海底层鱼类。喜欢栖息于水质清澈的珊瑚礁区和岩礁开阔海域，栖息水深2~150m。常以1尾雄鱼和2~12尾雌鱼组成的鱼群活动。主要以鱼类和甲壳动物为食。常见个体体长30~40cm，最大体长达50cm。

【地理分布】

分布于印度—太平洋区，西至红海和东非沿岸，东至莱恩群岛，北至日本南部，南至澳大利亚。我国主要分布于南海和台湾海域。

【资源状况】

中小型鱼类，具有一定天然产量，主要以钩钓、潜捕和笼壶等捕获。肉质佳，兼具观赏价值。

36. 褐带石斑鱼 *Epinephelus bruneus* Bloch，1793

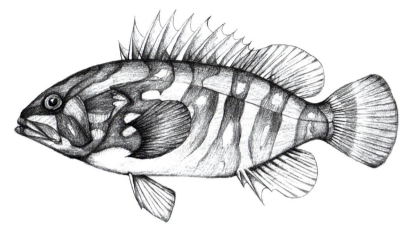

【英文名】longtooth grouper

【别名】云纹石斑鱼、褐石斑鱼、草斑、油斑、斑

【分类地位】鲈形目Perciformes

鮨科Serranidae

【主要形态特征】

背鳍XI-13~15；臀鳍III-8；胸鳍17~19；腹鳍I~5。侧线鳞（孔）64~72。

体呈长椭圆形，侧扁。头中大，头背斜直。吻短。眼中大，侧上位。眼间隔宽，微凸。口中大，稍倾斜。上下颌约等长，上颌骨末端扩大，伸达眼后缘下方。上下颌前端具少数犬齿，两侧齿细尖，可向后倒伏；舌上无齿。前鳃盖骨后缘有细锯齿，隅角处较大，下缘平滑。

体被细弱栉鳞，头部鳞片多埋于皮下。侧线完全，与背缘平行。

背鳍鳍棘部与鳍条部相连，无缺刻，第四鳍棘最长。臀鳍起点位于背鳍鳍条部下方，第二鳍棘最强。胸鳍宽大，后缘圆形。腹鳍尖细，末端不伸达肛门。尾鳍圆形。

成鱼体呈灰褐色，体侧横带及斑块不明显，布满浅灰色小斑点呈线状或斑驳状，臀鳍下缘和尾鳍下角边缘白色。幼鱼淡黄褐色，体侧具6条不规则的暗色斜带，带中另散布浅色斑点。

【生物学特性】

暖水性近海底层鱼类。主要栖息于近海岩礁区，也可发现于泥底质海域，栖息水深20~800m，幼鱼则栖息于沿岸水域。主要以鱼类和虾类等为食。常见个体全长60cm左右，最大全长达136cm，最大体重达33kg。

【地理分布】

分布于西太平洋区韩国、日本南部和中国。我国主要分布于东海、南海和台湾海域。

【资源状况】

中大型鱼类，为东南沿海常见鱼类，具有一定天然产量，主要以钩钓或底拖网等捕获。肉质佳，为上等食用鱼，具较高经济价值。

37.带点石斑鱼 *Epinephelus fasciatomaculosus* (Peters, 1865)

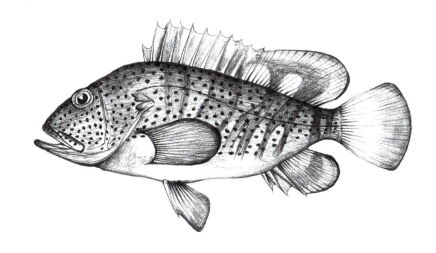

【英文名】rock grouper

【别名】斑带石斑鱼、拟青石斑鱼、竹节鲙

【分类地位】鲈形目Perciformes

鮨科Serranidae

【主要形态特征】

背鳍XI-15~17；臀鳍III-7~8；胸鳍17~19；腹鳍 I ~5。侧线鳞（孔）48~52。

体呈长椭圆形，侧扁。头中大，头背斜直。吻短。眼中大，侧上位。眼间隔平坦或微凹。口大，稍倾斜。上下颌约等长，上颌骨末端扩大，伸达眼后缘下方。上下颌前端具小犬齿或无，两侧齿细尖，下颌齿2~3列。前鳃盖骨后缘具细锯齿，下缘平滑。鳃盖骨后缘具3扁棘。

体被细小栉鳞，胸部和腹部被圆鳞。侧线完全，与背缘平行。

背鳍鳍棘部与鳍条部相连，无缺刻，第四鳍棘最长。臀鳍起点位于背鳍鳍条部下方，第二鳍棘最强。胸鳍宽大，后缘圆形。腹鳍尖细，末端不伸达肛门。尾鳍圆形。

头部和体侧呈浅灰褐色，腹部白色，头体密布黄褐色、红褐色或暗褐色斑点，幼鱼和亚成体体侧具5条稍倾斜的暗横带，前4条上端延伸入背鳍，第3~5条近腹面分叉。

【生物学特性】

暖水性近海底层鱼类。主要栖息于近岸水深15~30m的浅水岩礁海域，幼鱼常出现于水深10m以内。主要以鱼类、虾蟹类、蠕虫和腹足类等为食。常见个体全长20cm左右，最大全长达30cm。

【地理分布】

分布于西太平洋区日本南部、中国、越南、菲律宾和马来西亚沙捞越。我国主要分布于东海、南海和台湾海域。

【资源状况】

小型鱼类，主要以钩钓或延绳钓等捕获。肉质佳，具食用价值。

38.横条石斑鱼 *Epinephelus fasciatus* (Forsskål, 1775)

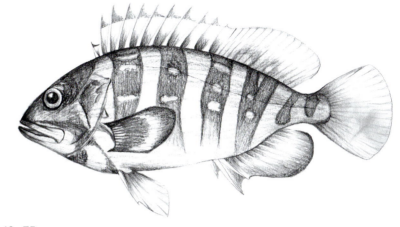

【英文名】blacktip grouper

【别名】黑边石斑鱼、横带石斑鱼、关公鲙

【分类地位】鲈形目Perciformes

鮨科Serranidae

【主要形态特征】

背鳍XI-15~17；臀鳍Ⅲ-8；胸鳍18~20；腹鳍Ⅰ~5。侧线鳞（孔）49~75。

体呈长椭圆形，侧扁。头稍大，头背斜直。吻短。眼中大，侧上位。眼间隔平坦或微凸。口大，稍倾斜。下颌稍突出，上颌骨末端扩大，伸达眼中部下方。上下颌齿细小，前端各具1对犬齿，下颌齿向内渐为3行；犁骨齿呈三角带状，腭骨齿呈窄带状，舌上无齿。前鳃盖骨后缘有细锯齿，下缘光滑。鳃盖骨后缘具3扁棘。

体被细弱栉鳞，头部鳞片多埋于皮下。侧线完全，与背缘平行。

背鳍鳍棘部与鳍条部相连，无缺刻，第四鳍棘最长。臀鳍起点位于背鳍鳍条部下方，第三鳍棘最强。胸鳍宽大，后缘圆形。腹鳍尖细，末端伸达肛门。尾鳍圆形。

体色多变，从淡灰绿色、淡红黄色到深红色不等，体侧通常具5~6条深色横带。背鳍鳍棘部边缘黑色，鳍棘顶端具淡黄色或白色斑点。

【生物学特性】

暖水性近海底层鱼类。主要栖息于水深15m以深的外礁斜坡，也出现于水深4m左右的内湾和潟湖，最大栖息水深160m。主要以小鱼和虾蟹类等为食。常见个体全长22cm左右，最大全长达40cm，最大体重达2kg。

【地理分布】

分布于印度—太平洋区，西至红海和东非沿岸，东至皮特凯恩群岛，北至日本南部，南至澳大利亚昆士兰和豪勋爵岛。我国主要分布于南海和台湾海域。

【资源状况】

小型鱼类，为东南沿海常见鱼类，具有一定天然产量，主要以钩钓、底拖网或流刺网等捕获。肉质佳，具一定经济价值。

39. 玛拉巴石斑鱼 *Epinephelus malabaricus* (Bloch *et* Schneider, 1801)

【英文名】malabar grouper

【别名】点带石斑鱼、马拉巴、来猫

【分类地位】鲈形目Perciformes

　　　　　　鮨科Serranidae

【主要形态特征】

　　背鳍Ⅺ-14~16；臀鳍Ⅲ-8；胸鳍18~20；腹鳍Ⅰ~5。侧线鳞（孔）54~64。

　　体呈长椭圆形，侧扁而粗壮。头稍大，头背斜直。吻短。眼中大，侧上位。眼间隔平坦或微凸。口大，倾斜。下颌稍突出，上颌骨末端扩大，伸达眼后缘下方。上下颌前端具小犬齿或无，两侧齿细尖，下颌齿3~5行；犁骨和腭骨有细齿，舌上无齿。前鳃盖骨后缘有细锯齿，下缘光滑。鳃盖骨后缘具3扁棘。

　　体被细弱栉鳞，胸部和腹部被圆鳞。侧线完全，与背缘平行。

　　背鳍鳍棘部与鳍条部相连，无缺刻，第四鳍棘最长。臀鳍起点位于背鳍鳍条部下方，第二鳍棘最强。胸鳍中大，后缘圆形。腹鳍尖细，末端不伸达肛门。尾鳍圆形。

　　体呈浅灰色至黄褐色，体侧具5条稍倾斜的暗横带，在腹侧分叉，有时不显著。头部、体侧、胸部、下颌腹面和口缘均具黑褐色斑点，头部及体侧另散布白色斑点及斑块。

【近似种】

　　本种与点带石斑鱼（*E. coioides*）相似，主要区别为后者头部、体侧及奇鳍散布橘褐色或红褐色斑点。

【生物学特性】

　　暖水性近海底层鱼类。栖息地多样，水深150m以浅的珊瑚礁、岩礁、潮池、河口、红树林或沿海泥沙底质海域均有分布，幼鱼多分布于近岸和河口区。主要以鱼类、甲壳类和头足类等为食。最大全长达234cm，最大体重达150kg。

【地理分布】

　　分布于印度—太平洋区，西至红海和东非沿岸，东至汤加，北至日本，南至澳大利亚。我国主要分布于南海和台湾海域。

【资源状况】

　　中大型鱼类，主要以钩钓、底拖网或延绳钓等捕获。属上等食用鱼类，目前已有一定规模的人工养殖。

40.蜂巢石斑鱼 *Epinephelus merra* **Bloch, 1793**

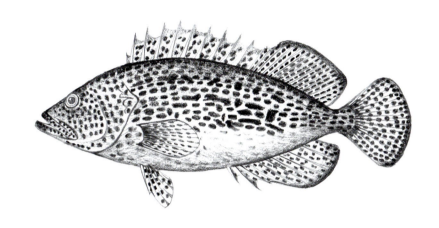

【英文名】honeycomb grouper

【别名】网纹石斑鱼、蜂巢格仔、蝴蝶斑

【分类地位】鲈形目Perciformes
　　　　　　鮨科Serranidae

【主要形态特征】

背鳍XI-14~16；臀鳍Ⅲ-8；胸鳍18~20；腹鳍Ⅰ~5。侧线鳞（孔）48~54。

体呈长椭圆形，侧扁。头中大，头背斜直。吻短。眼中大，侧上位。眼间隔平坦或微凸。口大，倾斜。下颌稍突出，上颌骨末端扩大，伸达瞳孔后缘下方。上下颌前端具小犬齿或无，两侧齿细尖，下颌齿2~4行；犁骨齿呈三角形窄带状，腭骨齿呈窄带状，舌上无齿。前鳃盖骨边缘具细锯齿，在隅角处稍扩大。鳃盖骨后缘具3扁棘。

体被细弱栉鳞，胸部和腹部被圆鳞。侧线完全，与背缘平行。

背鳍鳍棘部与鳍条部相连，无缺刻，第四鳍棘最长。臀鳍起点位于背鳍鳍条部下方，第二鳍棘最强。胸鳍宽大，后缘圆形。腹鳍尖细，末端不伸达肛门。尾鳍圆形。

体呈浅褐色，头部、体侧和各鳍均密布圆形至六角形暗斑，体侧斑点相连续，斑块间隔狭窄呈灰白色网状结构。胸鳍密布显著的小黑点。

【近似种】

本种与玳瑁石斑鱼（*E. quoyanus*）相似，主要区别为后者胸鳍斑点不显著。

【生物学特性】

暖水性近岸底层鱼类。通常栖息于水深20m以浅的沿岸珊瑚礁海域，在潟湖和岩礁区也较常见。主要以小鱼和甲壳类等为食。最大全长达32cm。

【地理分布】

分布于印度—太平洋区南非至法属波利尼西亚。我国主要分布于南海和台湾海域。

【资源状况】

小型鱼类，东南沿海常见食用鱼类，有一定天然产量，主要以钩钓、笼壶类或延绳钓等捕获。

41. 弧纹石斑鱼 *Epinephelus morrhua* (Valenciennes, 1833)

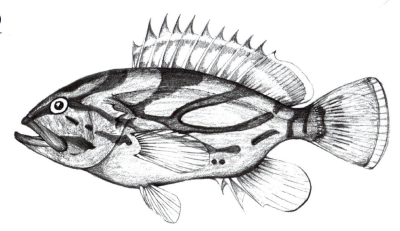

【英文名】comet grouper

【别名】弓斑石斑鱼、油斑、鲙仔

【分类地位】鲈形目Perciformes

鮨科Serranidae

【主要形态特征】

背鳍XI-14~15；臀鳍III-7~8；胸鳍17~18；腹鳍 I ~5。侧线鳞（孔）55~64。

体呈长椭圆形，侧扁。头稍大，头背斜直。吻短。眼中大，侧上位。眼间隔平坦或微凸。口大，倾斜。下颌稍突出，上颌骨末端扩大，伸达眼后缘下方。上下颌前端具小犬齿，两侧齿细尖，下颌齿2行；犁骨齿呈三角形窄带状，腭骨齿呈窄带状，舌上无齿。前鳃盖骨边缘具细锯齿，在隅角处稍扩大。鳃盖骨后缘具3扁棘。

体被细弱栉鳞。侧线完全，与背缘平行。

背鳍鳍棘部与鳍条部相连，无缺刻，第三鳍棘最长。臀鳍起点位于背鳍鳍条部下方，第二鳍棘最强。胸鳍中大，后缘圆形。腹鳍尖细，末端不伸达肛门。尾鳍圆形。

体呈浅黄色，体侧具5条暗褐色弧形宽带：第一条自眼后伸达背鳍起点；第二条自眼后通过鳃盖上部至背鳍棘中部；第三条自眼后通过鳃盖后分为2条，上面的一条至背鳍鳍条部的前部，下面的一条至鳍条部的后部；第四条不连续，自眼下起通过体侧至尾柄；第五条在腹部由点组成。上颌沟至鳃盖也具1条宽带。

【近似种】

本种与琉璃石斑鱼（*E. poecilonotus*）和电纹石斑鱼（*E. radiatus*）相似。主要区别为琉璃石斑鱼体全部斑纹呈平行的弧状，且随生长渐不显著；而本种仅体下半部斑纹呈弧状，体上半部弧带分叉。电纹石斑鱼体侧弧带为镶嵌黑色边缘的虫状宽带，而本种弧带均为暗褐色。

【生物学特性】

暖水性近岸底层鱼类。主要栖息于水深80~230m的岩礁区，主要以底层鱼类和大型无脊椎动物为食。最大全长达90cm，最大体重达6.7kg。

【地理分布】

分布于印度—太平洋区自红海和东非沿岸至太平洋中部。我国主要分布于南海和台湾海域。

【资源状况】

中小型鱼类，由于栖息水深较深，天然产量较少，主要以钩钓、延绳钓或流刺网等捕获。可供食用，大型个体常因食物链而含珊瑚礁鱼毒素。

42.吻斑石斑鱼 *Epinephelus spilotoceps* Schultz, 1953

【英文名】foursaddle grouper

【别名】弓斑石斑鱼、油斑、鲙仔

【分类地位】鲈形目Perciformes
　　　　　　鮨科Serranidae

【主要形态特征】

背鳍XI-14~16；臀鳍Ⅲ-8；胸鳍17~19；腹鳍Ⅰ~5。侧线鳞（孔）59~69。

体呈长椭圆形，侧扁。头稍大，头背斜直。吻短。眼中大，侧上位。眼间隔微凸。口大，倾斜。下颌稍突出，上颌骨末端扩大，伸达眼后缘下方。上下颌前端各具1对小犬齿，两侧齿细尖，下颌齿3行；犁骨齿呈三角形窄带状，腭骨齿呈窄带状，舌上无齿。前鳃盖骨后缘具细锯齿，下缘光滑。鳃盖骨后缘具3扁棘。

体被细弱栉鳞。侧线完全，与背缘平行。

背鳍鳍棘部与鳍条部相连，无缺刻，第六鳍棘最长。臀鳍起点位于背鳍鳍条部下方，第二鳍棘最强。胸鳍稍大，后缘圆形。腹鳍尖细，末端不伸达肛门。尾鳍圆形。

体呈浅褐色，**头部和体侧均密布小于瞳孔的圆形至六角形暗斑，**头部、体侧及偶鳍上的斑点为多边形且紧密排列，斑块间隔狭窄呈灰白色网状结构；腹侧斑点近圆形且排列更稀疏。**体背具4个黑斑，**前3个分别位于背鳍基底，尾柄处具一黑色鞍斑。

【近似种】

本种与三斑石斑鱼（*E. trimaculatus*）相似。主要区别为后者体背具3个黑斑，其中背鳍基底具2个。

【生物学特性】

暖水性近岸底层鱼类。主要栖息于水深30m以浅的沿岸岩礁区、水道或潟湖内的珊瑚礁区边缘。最大全长达35cm。

【地理分布】

分布于印度—太平洋区自东非沿岸至莱恩群岛。我国主要分布于南海和台湾海域。

【资源状况】

小型鱼类，主要以钩钓、延绳钓或陷阱等捕获。可供食用。

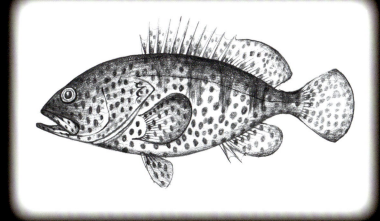

43.荒贺长鲈 *Liopropoma aragai* Randall *et* Taylor, 1988

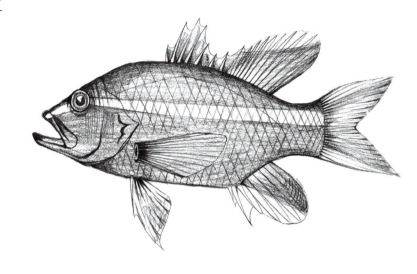

【英文名】basslet

【别名】荒贺氏鲙、荒贺氏长鲈、荒贺氏粗尾鲈、鲙仔

【分类地位】鲈形目Perciformes

　　　　　鮨科Serranidae

【主要形态特征】

　　背鳍Ⅷ-12；臀鳍Ⅲ-8；胸鳍14~15；腹鳍Ⅰ~5。侧线鳞48。鳃耙6~7+11~13。

　　体呈长梭形，侧扁，体长为体高的3倍；尾柄粗，尾柄高为体高的1/2。头尖长，头背斜直。吻较长而突出。眼大，侧上位，眼间隔微凸。鼻孔2个，前后鼻孔相隔颇远，前鼻孔小，近吻端；后鼻孔略大，具低肉质边缘。口大，稍倾斜。下颌稍突出，上颌骨末端扩大，伸达眼中部下方。上下颌具绒毛状齿带；犁骨齿6排，呈Λ形，腭骨齿4~6排，呈窄带状。舌细长，大部分游离，前端宽圆，舌上无齿。鳃盖骨下缘无向前棘。

　　体被细弱栉鳞，上颌骨具鳞。侧线完全，自鳃盖骨上缘沿背缘至背鳍鳍棘部中部斜直下弯，后与尾柄平行，伸至尾鳍基中央。

　　背鳍鳍棘部与鳍条部相连，具一浅缺刻，第八鳍棘长于第七鳍棘。臀鳍起点位于背鳍第三鳍条下方，第一鳍棘短小。胸鳍较尖，侧下位。腹鳍胸位，起点略前于胸鳍起点，末端不伸达肛门。尾鳍叉形。

　　体呈橘红色，体侧自吻端至尾鳍基部有一不太明显的黄色宽纵带，纵带后部较弥散。背鳍、臀鳍鳍条部及尾鳍上下叶边缘黄色。

【近似种】

　　本种与饰妆长鲈（*L. lemniscatum*）相似。主要区别为后者除体侧具一明显的黄色宽纵带外，腹部还具一较窄的黄色纵带。

【生物学特性】

　　暖水性近海底层鱼类。主要栖息于较深水域的岩礁区，穴居性。主要以无脊椎动物为食。

【地理分布】

　　分布于西北太平洋区日本南部琉球群岛、伊豆群岛至中国台湾以南海域。我国主要分布于南海和台湾海域。

【资源状况】

　　小型鱼类，产量稀少，偶由延绳钓或底拖网等捕获。偶见于大型水族馆。

44. 东洋鲈 *Niphon spinosus* Cuvier, 1828

【英文名】ara

【别名】东方鲈、鲙仔

【分类地位】鲈形目Perciformes

鮨科Serranidae

【主要形态特征】

背鳍Ⅶ，Ⅰ-11；臀鳍Ⅲ-6~8；胸鳍15~17；腹鳍Ⅰ-5。侧线鳞
（孔）84~93。鳃耙7~9+13~16。

体延长，侧扁，背腹缘皆圆钝，体高以背鳍起点处最高，尾柄长而
侧扁。头大而长，背部平坦，前端略呈圆锥形。吻长而尖，眼前方稍突
起。眼中大，侧上位，眼间隔宽平。口大，稍倾斜，下颌突出于上颌。
上颌骨宽大，后端伸达瞳孔下方。上下颌、犁骨和腭骨具绒毛状齿带，

舌上无齿。前鳃盖骨后缘具锯齿，隅角处具一强棘。鳃盖骨具3扁平棘。

体被细小栉鳞，头除鳃盖部与后头部被细鳞外均裸露无鳞。侧线完全，位高而与背缘平行。

背鳍2个，具深缺刻，各棘平卧时左右交错可折叠于背部浅沟内。臀鳍与背鳍鳍条部相对。胸鳍位低，后缘圆形。腹鳍与胸鳍等大，位于胸鳍基下方。尾鳍浅凹形。

体背呈紫灰色，腹部银白色。**尾鳍上下叶后端具白色边缘，**白缘前方有黑色部分。幼鱼体侧具2条褐色纵带，一条自眼后沿背鳍基部至背鳍鳍条部附近，另一条自吻端经眼至尾柄中部背缘，背鳍鳍条部、尾鳍上下叶均具大黑斑；成鱼不明显。

【生物学特性】

暖水性近海底层鱼类。主要栖息于水深100~400m大陆架缘岩礁区海域。肉食性，主要以鱼类和其他无脊椎动物等为食。最大全长达100cm，最大体重达11kg。

【地理分布】

分布于西太平洋区日本至菲律宾海域。我国主要分布于东海和台湾海域。

【资源状况】

中型鱼类，产量稀少，偶由延绳钓或钩钓等捕获。可供食用。

45.黄斑牙花鲐 *Odontanthias borbonius* (Valenciennes, 1828)

【英文名】checked swallowtail

【别名】黄斑齿花鲐、粗斑花鲈、粗斑金花鲐、深水樱花宝石、发霉鱼

【分类地位】鲈形目Perciformes
　　　　　　鲐科Serranidae

【主要形态特征】

背鳍X-16~18；臀鳍Ⅲ-7；胸鳍16~17；腹鳍Ⅰ~5。侧线鳞39~43。鳃耙11~13+27~29。

体呈长卵圆形，侧扁而高，体长为体高的2.1~2.3倍。头中大，头背部弧形。吻短钝。眼中大，侧上位，眼间隔平坦或微凹。口中大，倾斜。下颌稍突出，上颌骨末端扩大，伸达眼中部下方。上下颌、犁骨、腭骨和舌上均具齿，其中犁骨齿带呈菱形。下鳃盖骨和间鳃盖骨后缘具细锯齿。

体被细小栉鳞，下颌骨具鳞。侧线完全，约与背缘平行。

背鳍鳍棘部与鳍条部相连，无缺刻，第三鳍棘长于第四鳍棘，第三鳍条延长但不呈丝状。臀鳍起点位于背鳍鳍条部下方。胸鳍短于头长，侧下位。腹鳍起点略前于胸鳍起点，末端不伸达肛门。尾鳍深内凹形。

体呈橘红色，体侧具黄褐色大斑，雄鱼体色及斑块颜色较深。各鳍黄色。

【生物学特性】

暖水性近海底层鱼类。主要栖息于水深70~300m的岩礁区。最大体长达15cm。

【地理分布】

分布于印度—太平洋区，西至南非，东至帕劳，北至日本南部，南至印度尼西亚。我国主要分布于台湾海域。

【资源状况】

小型鱼类，产量稀少，偶由延绳钓或底拖网等捕获。为国际市场名贵观赏鱼，已实现人工繁殖，偶见于大型水族馆。

46.红衣牙花鮨 *Odontanthias rhodopeplus* (Günther, 1872)

【英文名】perchlet

【别名】玫瑰齿花鮨、红衣齿花鲈、海金鱼

【分类地位】鲈形目Perciformes

鮨科Serranidae

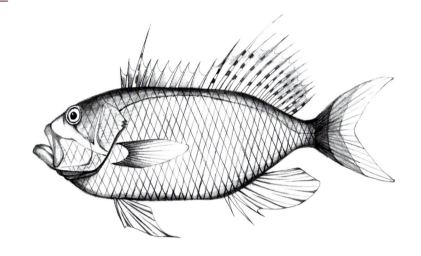

【主要形态特征】

背鳍 X -13~14；臀鳍Ⅲ-7；胸鳍17~18；腹鳍 Ⅰ ~5。侧线鳞30~32。鳃耙10~12+27~28。

体呈长卵圆形，侧扁，体长为体高的2.4~2.5倍。头中大，头背部弧形。吻短钝。眼中大，侧上位，眼间隔平坦或微凹。口中大，倾斜。下颌稍突出，上颌骨末端扩大，伸达眼中部下方。上下颌、犁骨、腭骨和舌上均具齿，其中犁骨齿带呈菱形。下鳃盖骨和间鳃盖骨后缘具细锯齿。

体被细小栉鳞，下颌骨无鳞。侧线完全，约与背缘平行。

背鳍鳍棘部与鳍条部相连，无缺刻，第三鳍棘延长，鳍膜末端不为黑色；前部鳍条延长呈丝状。臀鳍起点位于背鳍鳍条部下方。胸鳍短于头长，侧下位。腹鳍起点略前于胸鳍起点，末端伸达肛门。尾鳍深内叉形。

体呈红褐色，体侧各鳞片均具一白点，吻端至胸鳍基部具一黄带，尾鳍基部有一暗褐色横带。

【近似种】

本种与单斑牙花鮨（*O. unimaculatus*）相似，区别为后者侧线鳞35~39，第三鳍棘鳍膜末端黑色，尾鳍基部无横带。

【生物学特性】

暖水性近海底层鱼类。主要栖息于水深较深的岩礁区。最大体长达16cm。

【地理分布】

分布于西太平洋区日本至印度尼西亚苏拉威西。我国主要分布于台湾海域。

【资源状况】

小型鱼类，产量稀少，偶由延绳钓或底拖网等捕获。偶见于大型水族馆。

47.凯氏棘花鮨 *Plectranthias kelloggi* (Jordan *et* Evermann, 1903)

【英文名】yellowfin red bass

【别名】凯氏棘花鲈、拟花鮨、东花鲈、海金鱼

【分类地位】鲈形目Perciformes

鮨科Serranidae

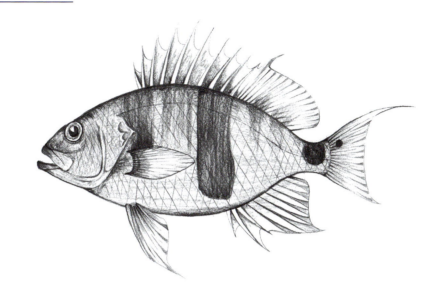

【主要形态特征】

背鳍Ⅹ-14~16；臀鳍Ⅲ-7；胸鳍14~15；腹鳍Ⅰ~5。侧线鳞33~36。鳃耙7~10+13~17。

体呈长椭圆形，侧扁。头稍尖，头背部略呈弧形。眼中大，侧上位，眼间隔平坦，中间微凹。口大，倾斜。下颌稍突出，上颌骨末端扩大，伸达瞳孔后部下方。两颌具绒毛齿带，前端各具1~2对小犬齿，下颌两侧各有指向后方的小犬齿2枚；犁骨齿呈∧形，腭骨齿带状。前鳃盖骨后缘具细锯齿，鳃盖骨后缘具3扁棘。

体被细小栉鳞，上颌骨区和颊部均被鳞，背鳍鳍条部和臀鳍鳍条部基部也被鳞。侧线完全，与背缘平行。

背鳍鳍棘部与鳍条部相连，具一浅缺刻，第四或第五鳍棘最长，第二鳍条延长呈丝状。臀鳍第二鳍棘强大。胸鳍延长，部分鳍条末端分支。腹鳍胸位，末端伸达肛门。尾鳍浅凹形，上叶延长呈丝状。

体背呈淡橘红色，腹部银白色，体侧具2条深红色横带，一条位于背鳍第七至第十鳍棘下方，延伸至背鳍上；另一条位于尾柄上。尾鳍基上缘有一深红色圆斑。各鳍黄色。

【生物学特性】

暖水性近海底层鱼类。主要栖息于水深60~400m的岩礁区或沙底质海域。主要以小鱼和甲壳类为食。最大体长达15cm。

【地理分布】

分布于西太平洋区日本南部至夏威夷群岛。我国主要分布于东海和台湾海域。

【资源状况】

小型鱼类，产量稀少，偶由延绳钓或底拖网等捕获。无经济价值，偶见于大型水族馆。

48.威氏棘花鮨 *Plectranthias wheeleri* Randall, 1980

【英文名】spotted perchlet

【别名】杂斑棘花鮨、威氏棘花鲈、海金鱼

【分类地位】鲈形目Perciformes

鮨科Serranidae

【主要形态特征】

背鳍X-16；臀鳍Ⅲ-7；胸鳍13；腹鳍Ⅰ~5。侧线鳞28~30。鳃耙5~6+9~10。

体呈长椭圆形，侧扁。头稍尖，头背部略呈弧形。吻较尖。眼稍大，侧上位，长于或等于吻长，眼间隔平坦。口大，倾斜。下颌稍突出，上颌骨末端扩大，伸达眼后缘下方。上下颌前端具小犬齿。前鳃盖骨后缘具细锯齿，下缘具2枚向前棘。

体被细小栉鳞，上颌骨区和颊部均无鳞。侧线完全，与背缘平行。

背鳍鳍棘部与鳍条部相连，具缺刻，第三鳍棘最长。臀鳍第二鳍棘强大。胸鳍延长，部分鳍条末端分支。腹鳍胸位，末端不伸达肛门。尾鳍浅近截形，最上方鳍条稍突出。

体背呈淡黄色或银白色，体背侧具许多不规则的橘红色斑纹，体侧斑纹不达腹面。

【近似种】

本种与海氏牙花鮨（*P. helenae*）相似，区别为后者胸鳍14，体背侧有6条不规则橘红色斑纹，斑纹达腹面。

【生物学特性】

暖水性近海底层鱼类。主要栖息于水深100~2 400m的大陆架区。主要以小鱼和甲壳类为食。最大体长达8cm。

【地理分布】

分布于西太平洋区中国台湾至印度尼西亚苏拉威西和澳大利亚西部。我国主要分布于台湾海域。

【资源状况】

小型鱼类，产量稀少，偶由底拖网等捕获。无经济价值，偶见于大型水族馆。

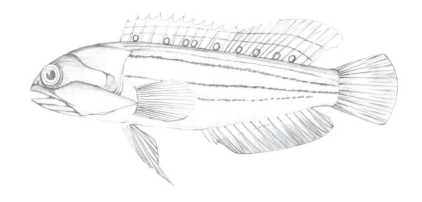

49.卡氏后颌䲁 *Opistognathus castelnaui* Bleeker, 1860

【英文名】Castelnau's jawfish

【别名】卡氏后颌鱼、卡氏后颌鳚、红大嘴虾虎

【分类地位】鲈形目Perciformes

后颌䲁科Opistognathidae

【主要形态特征】

背鳍XI-14；臀鳍Ⅲ-14；胸鳍19~21；腹鳍Ⅰ~5。侧线鳞87~105。

体延长，侧扁。头大，头背部呈弧形。吻短钝。眼大，侧上位。口大，倾斜。上颌骨后缘尖突，末端向上并超越鳃盖伸达胸鳍基。上下颌齿犬齿状，犁骨具小齿，腭骨无齿。

体被圆鳞，头部无鳞。侧线不完全，沿背鳍基纵走，仅达第三鳍条处。

背鳍连续，鳍棘部基底较鳍条部基底长，鳍棘末端不分叉。臀鳍具3鳍棘。胸鳍圆形。腹鳍略延长，呈尖形。尾鳍后缘圆形。

头及体背侧呈淡黄褐色，腹面色浅，体侧上半部具2条不规则纵纹。背鳍、臀鳍及尾鳍暗褐色或稍淡，背鳍基部具7~9个均匀分布的黑斑，延伸至背鳍基部的1/3左右；腹鳍淡黄褐色而具暗色边缘。

【生物学特性】

暖水性近海底层鱼类。主要栖息于水深20~25m的沙质或砾石底质海域，最大栖息水深100m。主要以小鱼和甲壳类为食。雄鱼具有筑巢及口孵鱼卵的习性。最大体长达25cm。

【地理分布】

分布于印度—西太平洋区琉球群岛、中国南海和印度尼西亚。我国主要分布于台湾海域。

【资源状况】

小型鱼类，较罕见，偶由底拖网等捕获。无经济价值，偶见于大型水族馆。

50.日本红目大眼鲷 *Cookeolus japonicus* (Cuvier, 1829)

【英文名】longfinned bullseye

【别名】日本牛目鲷、黑鳍大眼鲷、红目鲢

【分类地位】鲈形目Perciformes
　　　　　　大眼鲷科Priacanthidae

【主要形态特征】

背鳍 X -12~14；臀鳍Ⅲ-12~14；胸鳍17~19；腹鳍 I ~5。侧线鳞60~73。

体呈卵圆形，侧扁而高，背缘和腹缘隆起度几相同。头大，短而高。眼巨大，侧上位，约为头长的1/2。吻短。口大，近垂直。下颌稍长于上颌，上颌骨宽大，略呈三角形，后端扩大，伸达眼前缘下方。上下颌、犁骨和腭骨均具绒毛状齿，舌上无齿。前鳃盖骨后缘具锯齿，下方隅角处锯齿扩大，并具一向后强棘。鳃盖骨狭窄，具2扁平棘。

头体皆被粗糙坚实且不易脱落的栉鳞。侧线完全，侧上位，在胸鳍上方弧形弯曲。

背鳍鳍棘部与鳍条部相连，无缺刻，起点位于眼后上方。臀鳍与背鳍鳍条部同形相对。胸鳍短小。腹鳍长大，等于或稍大于头长，后端可伸越臀鳍起点。尾鳍圆形。

体一致呈红色。背鳍、臀鳍和腹鳍鳍膜灰黑色，背鳍、臀鳍和尾鳍边缘黑色。

【生物学特性】

暖水性近海底层鱼类。主要栖息于水深40~400m的岩礁外围或岛屿周边的洞穴或陡坡。主要以海绵、软质珊瑚和底栖无脊椎动物等为食；幼鱼为大洋性，主要摄食浮游动物。常见个体全长约30cm，最大全长达69cm，最大体重达5kg。

【地理分布】

广泛分布于全世界热带及亚热带海域，其中印度—太平洋区分布于西至南非，东至中太平洋岛屿，北至日本和韩国，南至澳大利亚东南部。我国主要分布于东海、南海和台湾海域。

【资源状况】

中小型鱼类，主要以钩钓、延绳钓或底拖网等捕获。肉质细嫩鲜美，为高经济价值鱼类。

51. 金目大眼鲷 *Priacanthus hamrur* (Forsskål, 1775)

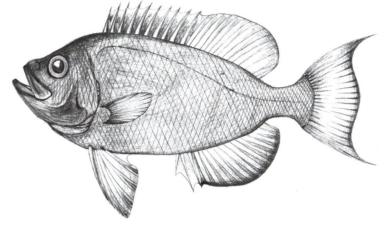

【英文名】moontail bullseye

【别名】宝石大眼鲷、红目鲢

【分类地位】鲈形目Perciformes

　　　　　　大眼鲷科Priacanthidae

【主要形态特征】

背鳍 X -13~15；臀鳍Ⅲ-13~16；胸鳍17~20；腹鳍 I ~5。侧线鳞70~90。

体呈长椭圆形，侧扁，背缘和腹缘浅弧形。头大，短而高。眼巨大，侧上位，约为头长的1/2。吻短。口大，近垂直。下颌稍突出，上颌骨后端扩大，伸达瞳孔前缘下方。上下颌、犁骨和腭骨均具绒毛状齿，舌上无齿。前鳃盖骨边缘具细锯齿，隔角处具一平扁短棘。

头体皆被粗糙坚实且不易脱落的栉鳞。侧线完全，侧上位，在胸鳍上方弧形弯曲。

背鳍鳍棘部与鳍条部相连，无缺刻，起点位于眼后上方。臀鳍几与背鳍鳍条部同形相对。胸鳍短小。腹鳍中长，短于头长，后端不伸达臀鳍起点。幼鱼尾鳍截形，成鱼尾鳍后缘双凹形。

体一致呈红色，或能迅速变为银白色，体侧上部有约6个红色斑点。各鳍末端颜色较深，腹鳍和尾鳍鳍膜边缘黑色。

【生物学特性】

暖水性近海底层鱼类。主要栖息于水深8~80m的礁区陡坡或较深的潟湖，最大栖息水深达400m。白天躲藏在洞穴中，夜晚外出觅食，主要以小鱼、甲壳类和其他小型无脊椎动物为食。最大全长达45cm。

【地理分布】

分布于印度—太平洋区，西至红海和南非，东至法属波利尼西亚，北至日本南部，南至澳大利亚。我国主要分布于南海和台湾海域。

【资源状况】

中小型鱼类，主要以延绳钓或底拖网等捕获。肉质细嫩鲜美，为高经济价值鱼类，也常见于大型水族馆。

52.麦氏锯大眼鲷 *Pristigenys meyeri* (Günther, 1872)

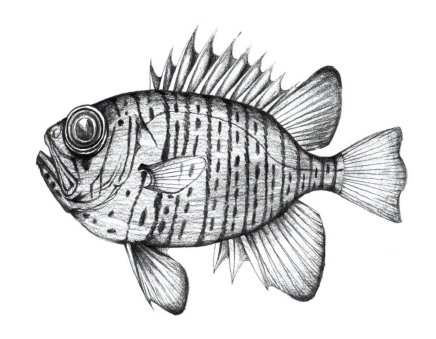

【英文名】Meyer's bigeye

【别名】麦氏大鳞大眼鲷、横带大鳞大眼鲷、红目鲢

【分类地位】鲈形目Perciformes

　　　　　大眼鲷科Priacanthidae

【主要形态特征】

背鳍Ⅹ-12；臀鳍Ⅲ-11；胸鳍18；腹鳍Ⅰ~5。侧线鳞30~32。

　　体呈卵圆形，侧扁而高。头大，短而高。眼巨大，侧上位，约为头长的1/2，瞳孔大半位于体中线上方。吻短。口大，近垂直。下颌突出，上颌骨后端扩大，伸达瞳孔前缘下方。上下颌、犁骨和腭骨均具绒毛状齿，舌上无齿。前鳃盖骨边缘具锯齿，隅角处具一平扁短棘。

　　头体皆被粗糙坚实且不易脱落的栉鳞。侧线完全，侧上位，在胸鳍上方弧形弯曲。

　　背鳍鳍棘部与鳍条部相连，具深缺刻，起点位于眼后上方。臀鳍几与背鳍鳍条部同形相对，背鳍和臀鳍鳍条部后缘圆形。胸鳍短小。腹鳍中长，短于或等于头长。尾鳍后缘稍圆。

　　体呈粉红色，体侧具12条深红色细横带，横带间有红色断线分布。奇鳍边缘黑色。

【生物学特性】

　　暖水性近海底层鱼类。主要栖息于水深100~200m的岩礁区。白天躲藏在礁石下方或洞穴中，夜晚外出觅食，主要以小鱼和底栖无脊椎动物为食。最大体长达23cm。

【地理分布】

　　分布于西太平洋区日本至新几内亚和萨摩亚。我国主要分布于南海海域。

【资源状况】

　　小型鱼类，主要以钩钓、延绳钓或底拖网等捕获。肉质细嫩鲜美，可供食用，偶见于大型水族馆。

53.日本锯大眼鲷 *Pristigenys niphonia* (Cuvier, 1829)

【英文名】Japanese bigeye

【别名】日本大鳞大眼鲷、大鳍大眼鲷、红目鲢

【分类地位】鲈形目Perciformes

　　　　　　大眼鲷科Priacanthidae

【主要形态特征】

　　背鳍 X -11；臀鳍Ⅲ-10；胸鳍17~19；腹鳍 I ~5。侧线鳞31~39。鳃耙7~10+19~22。

　　体呈卵圆形，侧扁而高。头大，短而高。眼巨大，侧上位，约为头长的1/2，瞳孔大半位于体中线上方。吻短。口大，近垂直。下颌突出，上颌骨后端扩大，伸达瞳孔前缘下方。上下颌、犁骨和腭骨均具绒毛状齿，舌上无齿。前鳃盖骨边缘具锯齿，隅角处具一平扁短棘。

　　头体皆被粗糙坚实且不易脱落的栉鳞。侧线完全，侧上位，在胸鳍上方弧形弯曲。

　　背鳍鳍棘部与鳍条部相连，具深缺刻，起点位于眼后上方。臀鳍几与背鳍鳍条部同形相对，背鳍和臀鳍鳍条部后缘圆形。胸鳍短小。腹鳍中长，短于或等于头长。尾鳍后缘双凹形。

　　体呈红色，体侧具5条白色细横带，幼鱼横带显著，横带宽约为瞳孔直径的1/2~3/5，横带背侧和腹侧向后弯曲。

【生物学特性】

　　暖水性近海底层鱼类。主要栖息于水深80~100m的沿岸和近海岩礁区，幼鱼栖息于较浅的水域。主要以小鱼和甲壳类等为食。最大体长达28cm。

【地理分布】

　　分布于西太平洋区日本南部、中国、印度尼西亚和澳大利亚西北部。我国主要分布于东海、南海和台湾海域。

【资源状况】

　　小型鱼类，主要以钩钓、延绳钓或底拖网等捕获。肉质细嫩鲜美，可供食用，偶见于大型水族馆。

54. 黑边锯大眼鲷 *Pristigenys refulgens* (Valenciennes, 1862)

【英文名】blackfringe bigeye

【别名】日本大鳞大眼鲷、大鳍大眼鲷、红目鲢

【分类地位】鲈形目Perciformes

大眼鲷科Priacanthidae

【主要形态特征】

背鳍 X -11；臀鳍Ⅲ-10；胸鳍17~19；腹鳍Ⅰ~5。侧线鳞31~39。鳃耙6~9+16~18。

体呈卵圆形，侧扁而高。头大，短而高。眼巨大，侧上位，约为头长的1/2，瞳孔大半位于体中线上方。吻短。口大，近垂直。下颌突出，上颌骨后端扩大，伸达瞳孔前缘下方。上下颌、犁骨和腭骨均具绒毛状齿，舌上无齿。前鳃盖骨边缘具锯齿，隅角处具一平扁短棘。

头体皆被粗糙坚实且不易脱落的栉鳞。侧线完全，侧上位，在胸鳍上方弧形弯曲。

背鳍鳍棘部与鳍条部相连，具深缺刻，起点位于眼后上方。臀鳍几与背鳍鳍条部同形相对，背鳍和臀鳍鳍条部后缘圆形。胸鳍短小。腹鳍中长，短于或等于头长。尾鳍后缘圆形。

体呈红色，体侧具5条垂直的白色窄横带，横带宽约为瞳孔直径的1/4~2/5。背鳍鳍条部、臀鳍鳍条部和尾鳍边缘黑色。

【近似种】

长期以来本种被作为日本锯大眼鲷（*P. niphonia*）的同物异名，但近年来的研究表明，本种应为有效种，其与日本锯大眼鲷在分布区域、鳃耙数、尾鳍形状及体色等方面存在显著差异。

【生物学特性】

暖水性近海底层鱼类。主要栖息于水深50~180m的岩礁斜坡。主要以小鱼和甲壳类等为食。最大体长达28cm。

【地理分布】

分布于印度—西太平洋区自红海和东非沿岸至日本南部和印度尼西亚。

【资源状况】

小型鱼类，主要以钩钓、延绳钓或底拖网等捕获。肉质细嫩鲜美，可供食用，偶见于大型水族馆。

55.萨摩亚圣天竺鲷 *Nectamia savayensis* (Günther, 1872)

【英文名】Samoan cardinalfish

【别名】魔鬼天竺鲷、沙维天竺鲷、侧纹天竺鲷、萨氏耶圣天竺鲷、
萨瓦耶圣竺鲷

【分类地位】鲈形目Perciformes
天竺鲷科Apogonidae

【主要形态特征】

背鳍VII，I -9；臀鳍II -8；胸鳍13；腹鳍I -5。侧线鳞26。鳃耙7~8+19~21。

体呈长椭圆形，侧扁。头大。眼大，侧前上位。口大，倾斜。吻短。上下颌等长，上颌骨后端达瞳孔后缘下方。上下颌、犁骨和腭骨均具绒毛状齿。前鳃盖骨边缘具细锯齿。

体被弱栉鳞。侧线完全，与背缘平行。

背鳍2个，第一背鳍起点位于胸鳍基上方。臀鳍与第二背鳍相对。胸鳍位低。腹鳍位于胸鳍基下方。尾鳍后缘浅凹。

体背呈暗褐色，腹部银灰色，体侧具6~10条细且不规则的暗褐色横带，自眼睛下缘至前鳃盖骨角的颊部具一楔形黑斑；尾柄中部具一鞍状黑斑，其下缘扩散至侧线或超过。第一背鳍顶端、第二背鳍前部和尾鳍上下叶边缘色暗。

【生物学特性】

暖水性岩礁鱼类。主要栖息于水深3~25m的具遮蔽的沿岸及面海的礁坡。白天隐藏在礁缝或洞穴中，夜晚外出觅食，主要以小型甲壳类和多毛类等为食。最大体长达10cm。

【地理分布】

分布于印度—太平洋区，西至红海和东非沿岸，东至莱恩群岛和土阿莫土群岛，北至琉球群岛，南至大堡礁南部。我国主要分布于南海和台湾海域。

【资源状况】

小型鱼类，无食用价值，常作为饵料鱼。偶见于大型水族馆。

56.詹氏鹦天竺鲷 *Ostorhinchus jenkinsi* (Evermann *et* Seale, 1907)

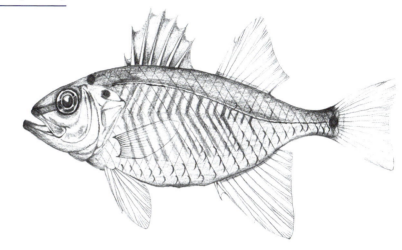

【英文名】spot-nape cardinalfish

【别名】黑点天竺鲷、双点天竺鲷、詹金氏鹦天竺鲷

【分类地位】鲈形目Perciformes

　　　　　天竺鲷科Apogonidae

【主要形态特征】

　　背鳍Ⅶ，Ⅰ-9；臀鳍Ⅱ-8；胸鳍13~14；腹鳍Ⅰ-5。侧线鳞26。鳃耙7+18。

　　体呈长椭圆形，侧扁。头大，头背部平直。眼大，侧前上位。口大，稍倾斜。吻尖。下颌稍突出，上颌骨后端达眼后缘下方。上下颌、犁骨和腭骨均具绒毛状齿。前鳃盖骨后缘锯齿状。

　　体被弱栉鳞。侧线完全，与背缘平行。

　　背鳍2个，第一背鳍起点位于胸鳍基上方。臀鳍与第二背鳍相对。胸鳍位低。腹鳍位于胸鳍基下方。尾鳍叉形。

　　体呈紫褐色，下颌前端黑色，自吻端至眼睛有一黑色短纵带，头背两侧各有一较瞳孔小的黑点，尾柄基部有一与瞳孔等大的黑点。第一背鳍前部黑色，第二背鳍基底和臀鳍基底具黑带，其余各鳍透明而略带橘红色。

【近似种】

　　本种常被误鉴为黑点鹦天竺鲷（*O. notatus*），区别为后者头部具2条黑色短纵带，除自吻端至眼睛的纵带外，眼上缘还有1条黑色细纵带。

【生物学特性】

　　暖水性岩礁鱼类。主要栖息于水深8~45m的潟湖、岩礁区或珊瑚礁。具集群习性。主要以多毛类等底栖无脊椎动物为食。求偶和产卵期间成对出现，雄鱼具口孵行为。最大体长达8.7cm。

【地理分布】

　　分布于西太平洋区，西至印度尼西亚，东至巴布亚新几内亚的新爱尔兰岛，北至菲律宾，南至大堡礁和新喀里多尼亚。我国主要分布于台湾海域。

【资源状况】

　　小型鱼类，无食用价值，常作为饵料鱼。偶见于大型水族馆。

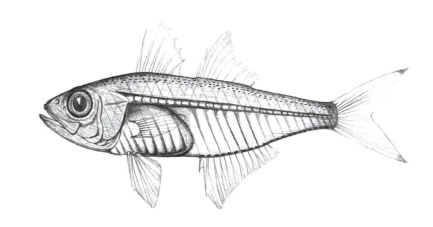

57.箭天竺鲷 *Rhabdamia gracilis* (Bleeker, 1856)

【英文名】luminous cardinalfish

【别名】细箭天竺鲷、细棒天竺鲷

【分类地位】鲈形目Perciformes

天竺鲷科Apogonidae

【主要形态特征】

背鳍Ⅵ，Ⅰ-9；臀鳍Ⅱ-12~13；胸鳍13；腹鳍Ⅰ-5。侧线鳞26。鳃耙6+21。

体延长，侧扁。头大，头背部平。眼大，侧前上位。口大，稍倾斜。吻长。下颌稍突出，上颌骨后端达眼中部下方。上下颌、犁骨和腭骨均具绒毛状齿。前鳃盖骨后缘平滑。

体被弱栉鳞。侧线完全，与背缘平行。

背鳍2个，第一背鳍起点位于胸鳍基上方。臀鳍与第二背鳍相对同形。胸鳍位低。腹鳍位于胸鳍基下方。尾鳍深叉形。

体半透明，头部和腹部银色，体中部具蓝色纵纹，有时尾鳍基底或尾鳍上下叶末端具黑点。

【生物学特性】

暖水性岩礁鱼类。主要栖息于水深3~90m的潟湖、沿岸礁石、珊瑚礁或岩礁区。常与黑点鹦天竺鲷（*Ostorhinchus notatus*）一起集成大群活动。主要以浮游动物或其他底栖无脊椎动物等为食。最大全长达7.4cm。

【地理分布】

分布于印度—西太平洋区，西至东非沿岸，东至马绍尔群岛和新几内亚，北至日本，南至澳大利亚北部。我国主要分布于台湾海域。

【资源状况】

小型鱼类，无食用价值，常作为饵料鱼。偶见于大型水族馆。

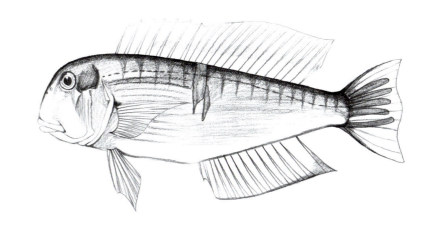

58.日本方头鱼 *Branchiostegus japonicus* (Houttuyn, 1782)

【英文名】horsehead tilefish

【别名】日本马头鱼、马头鱼、马头、方头鱼

【分类地位】鲈形目Perciformes

弱棘鱼科Malacanthidae

【主要形态特征】

背鳍Ⅶ-15；臀鳍Ⅱ-12；胸鳍17~18；腹鳍Ⅰ-5。侧线鳞70~73。鳃耙6~10+11~13。

体延长，侧扁，体背缘自头后至尾鳍基几呈直线，背鳍前至后头部具纵走棱嵴。头中大，眼前头缘呈垂直状，使头部几呈方形。吻钝。眼较大，侧上位，眼间隔宽且隆起。鼻孔2个，圆形，前鼻孔后缘具鼻瓣。口中大，稍倾斜，上颌骨后端伸达眼前缘下方。上下颌具细小圆锥状齿，犁骨、腭骨及舌上无齿。前鳃盖骨边缘平直，后缘具细小锯齿，下缘光滑。

体被中大栉鳞；躯干前上部、头顶及胸部被圆鳞，颊部及后头部鳞均埋于皮下。侧线完全，位高，近直线形。

背鳍鳍棘部与鳍条部连续，起点位于胸鳍基部上方，鳍棘细弱。臀鳍起点于背鳍第六鳍条下方，基底短于背鳍。胸鳍呈菱形。腹鳍较短。尾鳍双截形。

体背侧呈黄红色，腹侧银白色。背鳍前至后头部的背中线为黑色，眼后缘至前鳃盖骨中央有一白色三角形大斑，体侧中央近背鳍处有成群黄色斑块。背鳍粉红色，中央有不连续的黄色纵带。臀鳍色暗，鳍条间有白色小斑。腹鳍黄色，前缘白色。尾鳍具5~6条黄色纵带。

【生物学特性】

暖温性近岸底层鱼类。主要栖息于水深30~200m的沙泥底质海域。主要以小鱼和虾类等为食。常见个体全长35cm左右，最大全长达46cm，最大体重达1.3kg。

【地理分布】

分布于西北太平洋区日本本州岛中部至中国南海，澳大利亚北部的阿拉弗拉海也有分布记录。我国沿海均有分布。

【资源状况】

底拖网经济鱼类之一，浙江沿海较常见，具有一定天然产量。肉质细嫩，味道鲜美，具有较高食用价值，沿海地区习见食用鱼类。

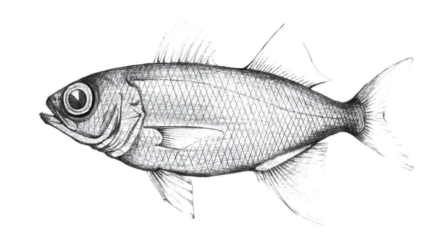

59.牛眼青鲢 *Scombrops boops* (Houttuyn, 1782)

【英文名】 gnomefish

【别名】 鲢鱼、牛眼鲢、短鳍鲢、牛尾鲢、牛目仔

【分类地位】 鲈形目Perciformes
　　　　　　 青鲢科Scombropidae

【主要形态特征】

背鳍Ⅷ~Ⅸ，Ⅰ-12~13；臀鳍Ⅲ-12~13；胸鳍15；腹鳍Ⅰ-5。侧线鳞51~55。鳃耙2~3+12~15。

体呈长椭圆形，侧扁，背腹缘均圆钝。头中大，稍呈尖锥形。吻略短。眼大，侧位而高，眼间隔平坦。口大，稍倾斜。下颌略突出，上颌骨后端伸达眼后缘下方。上下颌各具1行排列稀疏的尖锐犬齿；犁骨齿丛呈块状；腭骨齿呈带状；舌端微凹，舌面具2纵行小齿带。前鳃盖骨边缘光滑，鳃盖骨具2弱扁棘。

头部除唇和鳃盖条骨区无鳞外，均被小型弱栉鳞。体被易脱落的弱栉鳞，背鳍鳍条部、臀鳍鳍条部、胸鳍基部、腹鳍和尾鳍均被鳞。侧线完全，几呈直线。

背鳍2个，第一背鳍最长鳍棘与第二背鳍最长鳍条约等长。臀鳍第一鳍棘甚小。胸鳍短，尖形，不伸达第二背鳍。腹鳍中大，位于胸鳍基底下方。尾鳍深叉形。

体呈蓝黑色至紫褐色，具金属光泽，腹部颜色较淡。

【生物学特性】

暖温性近海底层鱼类。主要栖息于水深较深的岩礁海域，最大栖息水深达400m，幼鱼栖息于浅水区。主要以小鱼、甲壳类和头足类等为食。繁殖期为10月至翌年3月。最大全长达150cm，最大体重达16.1kg。

【地理分布】

分布于印度—西太平洋区莫桑比克和南非至日本和中国东海。我国主要分布于东海和台湾海域。

【资源状况】

中型鱼类，主要以底拖网或延绳钓等捕获，产量稀少，可供食用。

60. 军曹鱼 *Rachycentron canadum* (Linnaeus, 1766)

【英文名】cobia

【别名】海鲡

【分类地位】鲈形目 Perciformes

军曹鱼科 Rachycentridae

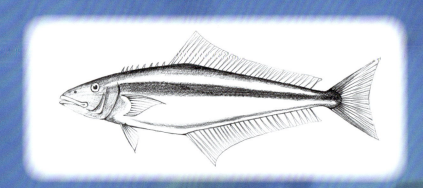

【主要形态特征】

背鳍 Ⅵ~Ⅸ，Ⅰ-28~36；臀鳍 Ⅱ~Ⅲ-20~28；胸鳍 18~21；腹鳍 Ⅰ-5。鳃耙 3~4+7~12。

体延长，近圆筒状。**头平扁而宽。**吻长。眼小，几位于头背部。眼间隔宽而平坦。口大，前位，近水平状。下颌稍长于上颌，上颌骨后端伸达眼前缘下方或稍后方。上下颌、犁骨、腭骨和舌均具绒毛状齿带。

头、体及各鳍基部均被细小圆鳞，埋于皮下。侧线完全，前方稍弯曲。

背鳍2个，**第一背鳍鳍棘短粗且分离**，可收入棘沟中；第二背鳍基底长，**前部鳍条高而略呈镰刀状。**臀鳍与背鳍鳍条部相对同形，鳍条略短。腹鳍胸位。幼鱼尾鳍由尖形渐变为截形，继而浅凹形，**成鱼深叉形，上叶显著长于下叶。**

体背呈深褐色，腹部灰白色而略带黄色，**体侧具2条明显的银色窄纵带。**各鳍红褐色至黑褐色，尾鳍边缘白色。

【生物学特性】

暖温性近海中上层鱼类。栖息水域极广，沙泥底质、碎石区、珊瑚礁区、外海岩礁区、红树林等沿海及外海大陆架区均有分布，在大洋中也可见其分布，偶见于河口区。幼鱼体型酷似鲫（*Echeneis naucrates*），常随大型鲨、鱽等一同游动，以其吃剩的碎屑为食；随生长体侧花纹变淡，食性转为掠食性，主要以小型鱼类、头足类和甲壳类等为食。最大全长达2m，最大体重达68kg。

【地理分布】

广泛分布于除东太平洋区外的世界各热带及亚热带海域。我国沿海均有分布。

【资源状况】

大型鱼类，为东海南部、台湾西南和东部的重要捕捞对象，主要汛期在3—5月，盛期在清明节前后，主要以底拖网、流刺网、钩钓或延绳钓等捕获。肉质鲜美，已成为海水养殖的重要对象。

61.范氏副叶鲹 *Alepes vari* (Cuvier, 1833)

【英文名】herring scad

【别名】大尾叶鲹、大尾鲹、甘仔鱼

【分类地位】鲈形目Perciformes
　　　　　　鲹科Carangidae

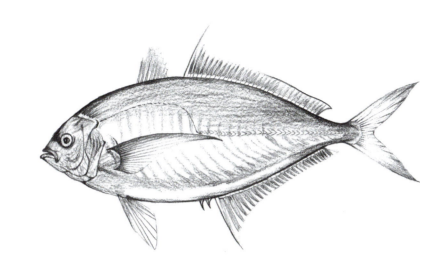

【主要形态特征】

背鳍Ⅷ，Ⅰ-23~27；臀鳍Ⅱ，Ⅰ-20~23；胸鳍21~22；腹鳍Ⅰ-5。棱鳞48~69。鳃耙9~11+33~37。

体呈长椭圆形，侧扁，背、腹缘轮廓相同。头小，侧扁。吻锥形。脂眼睑发达，前部达眼前缘，后部达瞳孔后缘至眼中部之间。口裂始于眼中部水平线上。前颌骨能伸缩，上颌骨后端伸达眼前缘下方。齿细小，上下颌齿各1行，犁骨齿群呈三角形，腭骨和舌上均具齿。

体被圆鳞，胸部均具鳞，第二背鳍和臀鳍基底具稍发达的鳞鞘。侧线前部弯曲度大，直线部始于第二背鳍起点至第二至第三鳍条下方。棱鳞强，位于直线部全部。

背鳍2个，第二背鳍与臀鳍同形。臀鳍前方有2枚粗短棘。胸鳍等于或长于头长。腹鳍胸位。尾鳍叉形，上叶稍长于下叶。

体背呈蓝绿色，腹部银白色。鳃盖后缘上方无明显黑斑或具一不明显的棕黄色斑。第一背鳍浅黑色，第二背鳍、臀鳍和尾鳍暗褐色，边缘色较深。

【生物学特性】

暖水性近海中上层鱼类。主要栖息于水深10m以浅的沿海浅水区，常在岩礁内侧水域的表层成群游动。主要以虾类、桡足类等为食，大鱼有时捕食小鱼。常见个体叉长30cm左右，最大全长达56cm。

【地理分布】

广泛分布于印度—太平洋区的热带及亚热带海域。我国主要分布于南海和台湾海域。

【资源状况】

中小型鱼类，主要以延绳钓、流刺网或定置网等捕获。可供食用，也可腌制成鱼干。

62. 黄点若鲹 *Carangoides fulvoguttatus* (Forsskål, 1775)

【英文名】yellowspotted trevally

【别名】星点若鲹、甘仔鱼

【分类地位】鲈形目Perciformes

鲹科Carangidae

【主要形态特征】

背鳍Ⅷ，Ⅰ-25~30；臀鳍Ⅱ，Ⅰ-21~26；腹鳍Ⅰ-5。**棱鳞15~21。**鳃耙6~8+17~21。

体呈长椭圆形，侧扁，头背轮廓略突出于腹部轮廓。头中大，眼前缘头背缘稍凹陷。吻稍尖。脂眼睑不发达。口裂明显位于眼中部水平线以下。前颌骨能伸缩，上颌骨后端伸达眼前缘下方。上下颌均具绒毛状齿带，犁骨齿群卵圆形，腭骨和舌上均具齿。

体被细小圆鳞，**胸部裸露区自胸部2/3处向下延伸，后缘伸达腹鳍基部后方，**第二背鳍和臀鳍基底具发达的鳞鞘。侧线前部弯曲度不大，**直线部始于第二背鳍第十五至十六鳍条下方。棱鳞仅存在于直线部后半部。**

背鳍2个，**第二背鳍和臀鳍同形，前方鳍条稍延长呈镰形。**臀鳍前方有2枚短粗棘。胸鳍镰形，长于头长。尾鳍叉形。

体背呈蓝绿色，腹部银白色。鳃盖后缘具一不明显的小黑斑，**体侧上半部具不显著的暗色横斑，横斑内具金黄色小点。**

【生物学特性】

　　暖水性近海中上层鱼类。主要栖息于近岸岩礁区和珊瑚礁区，也可发现于外海水深100m处的浅滩，一般成群巡游于礁体的外缘边坡。主要以小型无脊椎动物和鱼类等为食。最大叉长达120cm，最大体重达18kg。

【地理分布】

　　广泛分布于印度—西太平洋区，西至红海和东非沿岸，东至帕劳和新几内亚，北至琉球群岛和小笠原群岛，南至澳大利亚。我国主要分布于台湾海域。

【资源状况】

　　中大型鱼类，主要以延绳钓、钩钓或流刺网等捕获。可供食用。

63.黑鲹 *Caranx lugubris* Poey, 1860

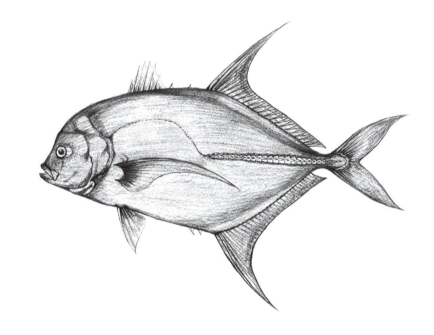

【英文名】black jack

【别名】阔步鲹、黑体鲹、甘仔鱼、黑面甘

【分类地位】鲈形目Perciformes

鲹科Carangidae

【主要形态特征】

背鳍Ⅷ，Ⅰ-20~22；臀鳍Ⅱ，Ⅰ-16~19；胸鳍20~22；腹鳍Ⅰ-5。棱鳞26~33。鳃耙6~8+17~22。

体呈椭圆形，侧扁而高，随生长向后逐渐延长，背缘轮廓弯曲度大，腹部较缓。头背缘于眼前急剧下降并向内浅凹。吻钝。脂眼睑发达，前部达眼前缘，后部可达瞳孔中部。上颌骨后端伸达眼中部下方。上下颌、犁骨、腭骨和舌上均具齿。

体被圆鳞，胸部均具鳞，第二背鳍和臀鳍基底具稍发达的鳞鞘。侧线前部弯曲度大，直线部始于第二背鳍起点至第三至第四鳍条下方。棱鳞强，位于直线部全部。

背鳍2个，第二背鳍与臀鳍前部鳍条延长呈弯月形。臀鳍前方有2枚粗短棘。胸鳍镰形。腹鳍胸位，短于头长。尾鳍叉形。

头、体背及各鳍呈深灰色、褐色至黑色，腹面蓝灰色。鳃盖后缘上方具一小黑斑。棱鳞一致为黑色。

【生物学特性】

暖水性大洋中下层鱼类。主要栖息于大洋中水质清澈的水域或岛屿周边的海域，较少发现于近岸，栖息水深一般为25~65m，最大栖息水深达355m。通常单独游动，较少集群，但具有在夜晚成群捕食鱼类的习性。最大全长达100cm，最大体重达17.9kg。

【地理分布】

广泛分布于世界各热带及亚热带海域。我国主要分布于台湾海域。

【资源状况】

中大型鱼类，主要以钩钓、延绳钓或流刺网等捕获。可供食用，也可腌制成鱼干。

64. 黑尻鲹 *Caranx melampygus* Cuvier, 1833

【英文名】bluefin trevally

【别名】蓝鳍鲹、星点鲹、甘仔鱼

【分类地位】鲈形目Perciformes
鲹科Carangidae

【主要形态特征】

背鳍Ⅷ，Ⅰ-21～24；臀鳍Ⅱ，Ⅰ-17～21；胸鳍20～22；腹鳍Ⅰ-5。棱鳞27～42。鳃耙5～9+17～21。

体呈长椭圆形，侧扁，背缘轮廓稍突出于腹缘。头中大，侧扁。吻稍尖。脂眼睑不发达，前部仅一小部分，后部达瞳孔后缘。口裂始于眼下缘或稍下方的水平线上。上颌骨后端伸达眼前缘至瞳孔前缘下方。上颌具3行尖锥形齿，外行齿较大，下颌具1行尖锥形齿；犁骨齿群三角形；腭骨和舌上有一细长齿带。

体被圆鳞，胸部均具鳞，第二背鳍和臀鳍基底具低鳞鞘。侧线前部弯曲度小，**直线部始于第二背鳍起点至第四至第六鳍条下方。棱鳞强，几位于直线部全部。**

背鳍2个，第二背鳍与臀鳍前部鳍条延长呈弯月形。臀鳍前方有2枚粗短棘。胸鳍镰形，等于或长于头长。**腹鳍胸位。**尾鳍叉形。

幼鱼体呈银灰色，胸鳍黄色，其他各鳍色浅。成鱼体背呈海蓝色，腹部浅蓝色，**头部和体侧上半部散布海蓝色和黑色小点；第二背鳍、臀鳍和尾鳍蓝色。**

【生物学特性】

　　暖水性近海中上层鱼类。主要栖息于水深190m以浅的沿岸或大洋岩礁区，幼鱼季节性出现于沿岸沙泥底质水域或河口区。主要以鱼类和甲壳类等为食。常见个体全长60cm左右，最大叉长达117cm，最大体重达43.5kg。

【地理分布】

　　分布于印度—太平洋区，西至红海和东非沿岸，东至皮特凯恩群岛的迪西岛，北至琉球群岛，南至新喀里多尼亚；东中太平洋区的墨西哥至巴拿马也有分布。我国主要分布于南海和台湾海域。

【资源状况】

　　中大型鱼类，主要以延绳钓、钩钓或流刺网等捕获。可供食用，也可腌制成鱼干。

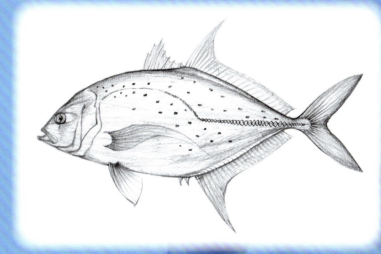

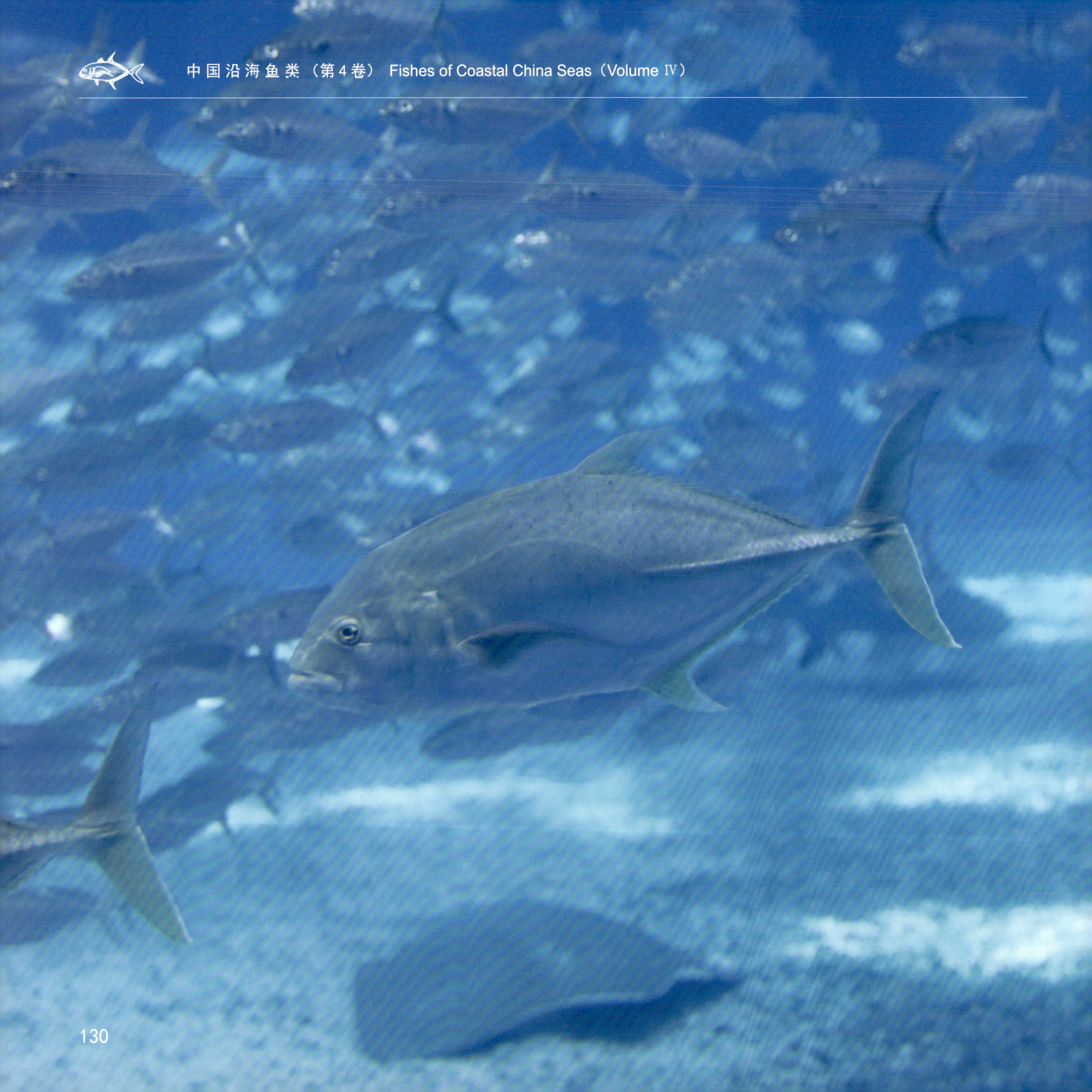

65.巴布亚鲹 *Caranx papuensis* Alleyne *et* MacLeay, 1877

【英文名】brassy trevally

【别名】甘仔鱼

【分类地位】鲈形目Perciformes

　　　　　鲹科Carangidae

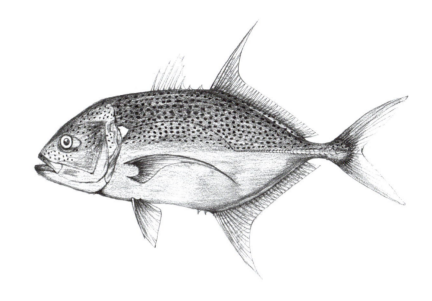

【主要形态特征】

背鳍Ⅷ，Ⅰ-21~23；臀鳍Ⅱ，Ⅰ-17~21；胸鳍20~22；腹鳍Ⅰ-5。棱鳞27~42。鳃耙5~9+17~21。

体呈长椭圆形，侧扁，随生长向后逐渐延长；背缘平滑弯曲，腹缘稍突出。头背缘呈弧形。吻钝尖。脂眼睑不发达，前部仅一小部分，后部仅达眼后缘。口裂始于眼下缘或稍下方的水平线上。上颌后端伸至眼中部下方。上下颌、犁骨、腭骨及舌均具齿。

体被圆鳞，胸部除腹鳍基部前方小块区域被鳞外均裸露无鳞。侧线前部弯曲度小，直线部始于第二背鳍起点至第六至第七鳍条下方。棱鳞强，位于直线部全部。

背鳍2个，第二背鳍与臀鳍前部鳍条延长呈镰形。臀鳍前方有2枚粗短棘。胸鳍镰形。腹鳍胸位。尾鳍叉形。

幼鱼体呈银白色，臀鳍及尾鳍下叶黄色。成鱼体背呈黄绿色，腹部银白色，头部及体侧上部散布小黑点，随生长黑点数量增多；鳃盖后缘上缘具一银白色斑点；尾鳍上叶暗灰色，下叶暗黄色且具白色窄边缘。

【生物学特性】

暖水性近海中上层鱼类。主要栖息于水深50m以浅的潟湖和面海的岩礁区，幼鱼可成群出现于河口区。主要以鱼类为食。最大全长达88cm，最大体重达6.4kg。

【地理分布】

分布于印度—太平洋区，西至东非沿岸，东至加罗林群岛和马克萨斯群岛，北至琉球群岛，南至澳大利亚。我国主要分布于台湾海域。

【资源状况】

中型鱼类，主要以延绳钓、钩钓或流刺网等捕获。肉质鲜美，为优良食用鱼类。

66.六带鲹 *Caranx sexfasciatus* Quoy *et* Gaimard, 1825

【英文名】bigeye trevally

【别名】甘仔鱼

【分类地位】鲈形目Perciformes

鲹科Carangidae

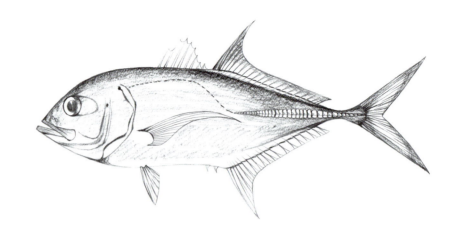

【主要形态特征】

背鳍Ⅷ，Ⅰ-19~22；臀鳍Ⅱ，Ⅰ-14~17；胸鳍20~22；腹鳍Ⅰ-5。棱鳞27~36。鳃耙5~8+15~19。

体呈长椭圆形，侧扁，随生长向后逐渐延长；背缘平滑弯曲，腹缘稍突出。眼前头背缘呈直线状。吻稍尖。脂眼睑稍发达，前部达眼前缘，后部可达瞳孔后缘。下颌稍突出，上颌骨后端伸达眼后缘下方。上颌齿3行，外行较大；下颌齿1行，近缝合部处有1对犬齿；犁骨齿群三角形，腭骨及舌面中央有一细长形齿带。

体被圆鳞，胸部均具鳞。侧线前部广弧形，直线部始于第二背鳍起点至第四至第五鳍条下方。棱鳞强，位于直线部全部。

背鳍2个，第二背鳍与臀鳍前部鳍条延长呈镰形。臀鳍前方有2枚粗短棘。胸鳍镰形。腹鳍胸位。尾鳍叉形。

不同发育阶段体色变化较大，幼鱼体侧具5~6条黑色横带；亚成体体背呈蓝色，腹部银白色，体侧横带开始不甚明显，各鳍淡色或淡黄色，尾鳍具黑缘；成鱼体侧上部呈灰蓝色，腹部银白色，第二背鳍墨绿至黑色，前方鳍条末端白色，棱鳞暗褐色至黑色，鳃盖后缘上方具一小于瞳孔的黑斑。

【生物学特性】

暖水性近海中上层鱼类。主要栖息于水深150m以浅的沿岸或大洋岩礁区，幼鱼时偶尔出现于沿岸沙泥底质水域，稚鱼时可进入河口区，甚至河流中、下游。白天常集群缓慢巡游于岩礁区或外缘，夜晚分散摄食，主要以鱼类和甲壳类等为食。最大全长达120cm，最大体重达18kg。

【地理分布】

分布于印度—太平洋区，西至红海和东非沿岸，东至夏威夷群岛，北至日本南部和小笠原群岛，南至澳大利亚和新喀里多尼亚。我国主要分布于黄海、东海、南海和台湾海域。

【资源状况】

中型鱼类，主要以延绳钓、钩钓、流刺网或定置网等捕获。肉质鲜美，为优良食用鱼类。

67. 纺锤鲕 *Elagatis bipinnulata* (Quoy *et* Gaimard, 1825)

【英文名】rainbow runner

【别名】双带鲹、海草、拉仑、青甘

【分类地位】鲈形目Perciformes
　　　　　　鲹科Carangidae

【主要形态特征】

　　背鳍Ⅴ~Ⅵ，Ⅰ-23~28+2；臀鳍Ⅰ，Ⅰ-15~20+2；胸鳍19~22；腹鳍Ⅰ-5。鳃耙9~10+25~28。

　　体呈纺锤形，稍侧扁。头小。吻尖锥形。脂眼睑不发达。口小，上下颌约等长。**上颌骨后端不及眼前缘。**上下颌齿绒毛状，前部6~10行，侧面3~5行，呈宽带状；犁骨齿群呈心形；腭骨齿带条形；舌上无齿。

　　体被圆鳞，**鳞的形状在鱼体各部不相同，**颊部为长圆形，咽喉部及鳃盖上部为匙形，身体有3种：①大圆鳞，其后缘为圆形或截形，且呈波纹状；②小圆鳞，与前者相同，但很小；③微小圆鳞，卵圆形，围绕在前两种鳞的后缘。侧线前部稍弯曲，**无棱鳞。**

　　背鳍2个，第一背鳍鳍棘弱，鳍棘间有膜相连，第二背鳍基底长。臀鳍与第二背鳍同形，但基底长远小于第二背鳍基底长，臀鳍前方具一埋于皮下的小棘。**第二背鳍与臀鳍后各有1个由2枚鳍条组成的分离小鳍。**尾鳍深叉形。

　　体背呈蓝绿色，腹部银白色，**体侧有2条由吻端至尾鳍基的蓝色纵带，**其间另有1条较宽的橄榄色至黄色纵带。各鳍黄绿色，尾鳍边缘黑色。

【生物学特性】

　　暖水性大洋中上层鱼类。主要栖息于水深2~10m的沿岸或大洋表层，最大栖息水深达150m，常集成大群在岩礁上方的表层活动。主要以无脊椎动物和小鱼等为食。最大全长达180cm，最大体重达46.2kg。

【地理分布】

　　广泛分布于世界各热带及亚热带海域。我国主要分布于东海南部、南海和台湾海域。

【资源状况】

　　大型鱼类，主要以延绳钓、钩钓、流刺网或定置网等捕获。肉质鲜美，为优良食用鱼类。作为重要的游钓鱼类，在休闲渔业中具有一定的商业价值。

68.黑带鲹 *Naucrates ductor* (Linnaeus, 1758)

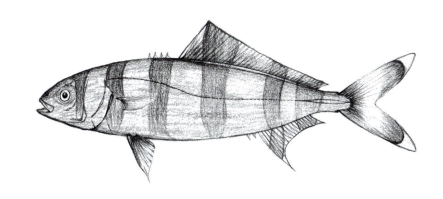

【英文名】pilotfish

【别名】舟鲕、乌甘

【分类地位】鲈形目Perciformes

鲹科Carangidae

【主要形态特征】

背鳍Ⅳ~Ⅴ，Ⅰ-25~29；臀鳍Ⅱ，Ⅰ-15~17；胸鳍18~20；腹鳍Ⅰ-5。鳃耙6~7+15~20。

体呈纺锤形，稍侧扁。头钝。吻端圆钝。口裂始于瞳孔下缘水平线上。上下颌约等长，上颌骨后端伸达眼前缘或稍后下方。上下颌齿尖细，前部3~5行，侧面2~3行；犁骨齿群呈心形；腭骨齿带长条形；舌面齿带长圆形。

体被圆鳞。侧线上无棱鳞，但尾柄两侧各具一纵走皮质嵴，随生长逐渐隆起。

背鳍2个，第一背鳍鳍棘弱，幼鱼时鳍棘间有膜相连，随生长膜渐消失，鳍棘彼此分离呈游离状；第二背鳍基底长。臀鳍与第二背鳍同形，但基底长仅为第二背鳍基底长的1/2，臀鳍前方具2枚棘，第一棘埋于皮下仅露出尖顶。胸鳍短，约等于腹鳍长。尾鳍叉形。

体背呈淡蓝色，腹部银白色，体侧具6~7条蓝黑色横带，后3条延伸至第二背鳍和臀鳍的鳍膜。胸鳍上半部蓝黑色，下半部灰白色。腹鳍蓝黑色。尾鳍蓝黑色，上下叶顶端白色。

【生物学特性】

暖水性大洋中上层鱼类。与鲨、魟及大型硬骨鱼类和海龟等有半互利共生关系，以寄主的食物碎屑、寄生虫或排泄物等为食，也捕食小鱼及无脊椎动物，幼鱼则与水母和漂流的海草等一起行漂流生活。最大全长达70cm。

【地理分布】

广泛分布于世界各热带及亚热带海域。我国主要分布于南海和台湾海域。

【资源状况】

中小型鱼类，主要以钩钓、流刺网或定置网等捕获。可供食用，也可腌制成鱼干。

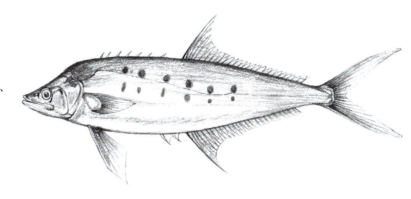

69.长颌似鲹 *Scomberoides lysan* (Forsskål, 1775)

【英文名】doublespotted queenfish

【别名】长颌鲹鲹、针鳞鲹鲹、红海鲹鲹、东方鲹鲹、逆钩鲹、七星仔、
江三

【分类地位】鲈形目Perciformes
鲹科Carangidae

【主要形态特征】

背鳍 I、VI~VII、I -19~21；臀鳍 II、I -17~19；胸鳍17~18；腹鳍 I -5。鳃耙3~8+15~20。

体延长，甚侧扁，背腹缘轮廓约相同。头小而尖，头背缘在近眼处稍凹。吻尖，吻长大于眼径。下颌稍突出于上颌，上颌骨后端伸达眼后缘下方。脂眼睑不发达，前部仅一小部分，后部约达瞳孔后缘。上下颌、犁骨、腭骨及舌均具齿。头部无鳞，体中部侧线以下鳞片呈锐披针形，多少埋于皮下。侧线前半部呈波浪状，在胸鳍上方形成一钝角。无棱鳞。

背鳍2个，第一背鳍前方具一埋于皮下的向前小棘，鳍棘间无膜相连，仅各棘后侧有膜与鳍基相连；第二背鳍与臀鳍同形，后方各有8~11个半分离状小鳍。胸鳍短。腹鳍胸位，末端伸达肛门。尾鳍叉形。

体背呈蓝灰色，腹部银白色，体侧沿侧线上下各具1纵列6~8个铅灰色圆斑，死后会逐渐消失，幼鱼无圆斑。第二背鳍前部鳍条上部黑色。

【近似种】

本种与革似鲹（*S. tol*）相似，区别为后者上颌骨后端不伸达眼后缘，体中部侧线以下鳞片呈细长针状，体侧具1列黑色圆斑，前4~5个在侧线上。

【生物学特性】

暖水性近海中上层鱼类。主要栖息于水深100m以浅且水质清澈的潟湖与面海的岩礁区，幼鱼多分布于沿岸浅水区或咸淡水区。通常为独居，有时也集成小群。成鱼主要以小鱼和甲壳动物等为食，而幼鱼则以从其他群游性鱼类被撕下的鱼鳞或表皮组织为食。常见个体全长60cm左右，最大全长达110cm，最大体重达11kg。

【地理分布】

分布于印度—太平洋区，西至红海和东非沿岸，东至夏威夷群岛、马克萨斯群岛、莱恩群岛及土阿莫土群岛，北至日本南部，南至澳大利亚新南威尔士及拉帕岛。我国主要分布于黄海、东海、南海和台湾海域。

【资源状况】

中型鱼类，主要以钩钓、流刺网、定置网或拖网等捕获。可供食用，也可腌制成鱼干。

70. 裴氏鲳鲹 *Trachinotus baillonii* (Lacepède, 1801)

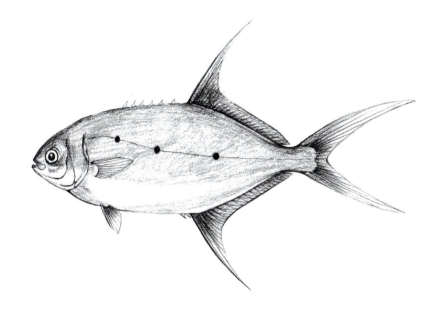

【英文名】small spotted dart

【别名】斐氏黄蜡鲹、小斑鲳鲹、金鲳、卵鲹

【分类地位】鲈形目Perciformes

鲹科Carangidae

【主要形态特征】

背鳍Ⅰ，Ⅵ，Ⅰ-20~24；臀鳍Ⅱ，Ⅰ-20~24；胸鳍16~17；腹鳍Ⅰ-5。鳃耙7~13+15~19。

体呈长椭圆形，甚侧扁。头小，侧扁。吻短钝。眼小，前位。脂眼睑不发达。口小，倾斜，口裂始于眼中部稍下水平线上。上颌骨后端伸达瞳孔前缘下方。上下颌、犁骨和腭骨均具绒毛状细齿；舌上无齿。鳃耙短粗，排列稀疏。

体被圆鳞，多少埋于皮下。侧线几呈直线状，仅前部稍呈波状弯曲。侧线上无棱鳞。

背鳍2个，第一背鳍前具一埋于皮下的向前小棘，鳍棘短而强，幼鱼时鳍棘间有膜相连，随生长膜渐退化，鳍棘彼此分离呈游离状；第二背鳍和臀鳍同形，前部鳍条延长呈弯月形。胸鳍短宽。腹鳍短于胸鳍。尾鳍深叉形，末端尖细而长。

体背呈蓝灰色，腹部银白色，体侧沿侧线具1~6个小黑斑，数量随生长而增加，幼鱼无斑点。第二背鳍、臀鳍及尾鳍蓝黑色。

【生物学特性】

暖水性近海中上层鱼类。主要栖息于水深3m以浅的潟湖与面海岩礁区的表层，常在岩礁附近的激浪区边缘活动，成鱼常成对活动或集成小群。主要以小鱼为食。常见个体全长35cm左右，最大全长达60cm，最大体重达1.5kg。

【地理分布】

分布于印度—太平洋区，西至红海，东至莱恩群岛，北至日本南部，南至豪勋爵岛及拉帕岛。我国主要分布于南海和台湾海域。

【资源状况】

中小型鱼类，主要以延绳钓、流刺网或定置网等捕获。可供食用。

71.颈斑项鲾 *Nuchequula nuchalis* (Temminck *et* Schlegel, 1845)

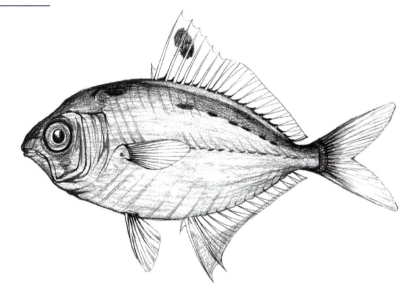

【英文名】spotnape ponyfish

【别名】颈斑鲾、颈带鲾、金钱仔、树叶仔、花令仔

【分类地位】鲈形目Perciformes

鲾科Leiognathidae

【主要形态特征】

背鳍Ⅷ-16；臀鳍Ⅲ-14；胸鳍17；腹鳍Ⅰ-5。鳃耙4+15。

体卵圆形，侧扁，背缘较腹缘突出。头小。吻短而钝，吻长约等于眼径。眼中大，眼上缘具2枚鼻后棘，眼间隔凹入。口小，可向下方伸出。上下颌仅具1行细齿；犁骨、腭骨及舌面均无齿。下颌轮廓近平直。前鳃盖骨下缘具细锯齿。

体被圆鳞，头部、背鳍第五至第六鳍棘前的体前部裸露无鳞，腹鳍具腋鳞，背鳍和臀鳍基底具鳞鞘。侧线完全，延伸至尾鳍基。

背鳍连续，背鳍和臀鳍第二鳍棘最长。胸鳍侧中位。腹鳍短小，亚胸位。尾鳍叉形。

体背呈灰褐色，腹部银白色，吻端具由细点构成的褐色斑，颈部具一褐色鞍斑，体侧具一黄褐色纵带和少量不规则黄褐色斑纹，腹部在胸鳍基和臀鳍基之间具一浅棕色圆斑。背鳍第二至第六鳍棘上部具一黑色斑，背鳍及臀鳍鳍条部边缘黄绿色。尾鳍后缘灰色至暗黄色。

【近似种】

本种与短吻鲾（*Leiognathus brevirostris*）相似，主要区别为后者下颌轮廓稍凹入，背鳍鳍棘部无黑斑。

【生物学特性】

暖水性沿岸鱼类。主要栖息于沙泥底质的沿海浅水区，也可生活于河口区。常集群游动于浅水区的底层。主要以小型甲壳类、多毛类和小鱼等为食。最大全长达25cm。

【地理分布】

分布于西太平洋区日本中南部、中国东南部和韩国济州岛。我国主要分布于东海南部、南海和台湾海域。

【资源状况】

小型鱼类，主要以底拖网、流刺网或定置网等捕获。肉质细嫩，可供食用，因鱼体较小，多作为钓饵或养殖鱼类饲料。

72.史氏红谐鱼 *Erythrocles schlegelii* (Richardson, 1846)

【英文名】Japanese rubyfish

【别名】红钻鱼、红鲢鱼、红嘴唇仔、红唇仔、红鱼仔

【分类地位】鲈形目Perciformes

谐鱼科Emmelichthyidae

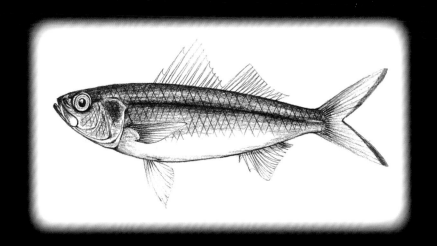

【主要形态特征】

背鳍 X，Ⅰ-10~12；臀鳍Ⅲ-9~10；胸鳍18~20；腹鳍Ⅰ-5。侧线鳞66~75。**鳃耙9~10+25~29。**

体呈长纺锤形，稍侧扁，**尾柄具隆起嵴。**头中大，头背部平坦。吻部尖长。眼中大，侧上位，眼间隔宽而突起。口前位，倾斜。前上颌骨能伸缩，后端宽大，伸达眼前部下方。上下颌前端各有1行细齿；**犁骨、腭骨和舌上均无齿。**前鳃盖骨隅角处具弱锯齿，鳃盖骨后缘具2枚扁平棘。**鳃孔后缘具2个肉质突起。**

体被中大栉鳞，头部除唇外均被小栉鳞，第二背鳍和臀鳍基底具鳞鞘。侧线完全，与背缘平行。

背鳍鳍棘部与鳍条部几相连，具深缺刻，第一背鳍基底长于第二背鳍基底。臀鳍鳍条部和背鳍鳍条部末端鳍条不延长。胸鳍侧下位，基部具腋鳞。腹鳍亚胸位，基部有三角形大型腋鳞。尾鳍深叉形。

体背呈深红色，腹面银白色带淡红色。胸鳍和尾鳍鲜红色，其他各鳍淡红色。

【近似种】

本种与火花红谐鱼（*A. scintillans*）相似，主要区别为后者鳃孔后缘无肉质突起，尾柄无隆起嵴。

【生物学特性】

　　暖水性底层鱼类。主要栖息于水深215~300m的大陆架边坡海区，幼鱼多集群在沿岸岩礁海域活动。主要以樱虾科等虾类和巨口鱼科、灯笼鱼科和帆蜥鱼科等中层带鱼类为食。最大全长达72cm。

【地理分布】

　　分布于印度—西太平洋区，西至非洲东岸，东至夏威夷群岛，北至日本南部，南至澳大利亚。我国主要分布于东海南部、南海和台湾海域。

【资源状况】

　　中小型鱼类，主要以钩钓、延绳钓或底拖网等捕获，可供食用。

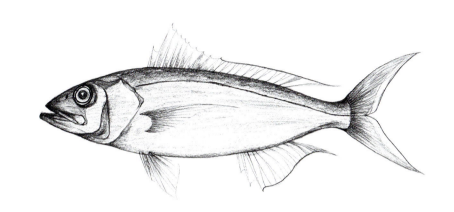

73. 叉尾鲷 *Aphareus furca* (Lacepède, 1801)

【英文名】small toothed jobfish

【别名】榄色细齿笛鲷、小齿蓝鲷、黄加甲

【分类地位】鲈形目Perciformes
　　　　　　笛鲷科Lutjanidae

【主要形态特征】

背鳍 X -10~11；臀鳍Ⅲ-8；胸鳍15~16；腹鳍Ⅰ-5。侧线鳞65~75。鳃耙6~10+16~18。

体呈纺锤形，稍侧扁，体长为体高的3.0~3.5倍。头较尖。眼前侧上位，眼间隔平坦。口大，倾斜。下颌稍突出，上颌骨后端伸达瞳孔后缘下方。上下颌齿细小，随生长逐渐退化；犁骨、腭骨均无齿。前鳃盖骨边缘较宽，裸露，具皱褶。

体被中小栉鳞，始于后头部，眼后上方具鳞带，周围以无鳞间隔和头背部、体侧及鳃盖上的鳞分开。侧线完全，较平直。

背鳍鳍棘部与鳍条部连续，无缺刻，背鳍和臀鳍最后鳍条均延长。胸鳍尖，镰状。尾鳍深叉形，尾叶尖。

体背呈紫褐色，腹部蓝灰色，体侧具黄色光泽，项部在繁殖期为亮黄色。前鳃盖骨和鳃盖骨边缘深褐色，各鳍黄褐色。

【近似种】

本种与红叉尾鲷（*A. rutilans*）相似，主要区别为后者体长为体高的3.6~3.8倍，鳃耙16~19+32~35，体呈淡紫色至红色。

【生物学特性】

暖水性近海底层鱼类。主要栖息于水深120m以浅的近海潟湖、珊瑚礁和岩礁区的清澈水域，成鱼常独游或集成小群。主要以鱼类和甲壳类等为食。常见个体体长25cm左右，最大全长达70cm，最大体重达0.9kg。

【地理分布】

分布于印度—太平洋区，西至东非沿岸，东至夏威夷群岛，北至日本南部，南至澳大利亚；东太平洋区的科科斯岛也有分布记录。我国主要分布于南海和台湾海域。

【资源状况】

中小型鱼类，主要以钩钓或延绳钓等捕获。可供食用，大型个体常因食物链而含珊瑚礁鱼毒素。

74. 绿短鳍笛鲷 *Aprion virescens* Valenciennes, 1830

【英文名】green jobfish

【别名】蓝短鳍笛鲷、绿短鳍鱼、蓝笛鲷、
绿笛鲷

【分类地位】鲈形目Perciformes
笛鲷科Lutjanidae

【主要形态特征】

背鳍Ⅹ-11；臀鳍Ⅲ-8；胸鳍17~18；腹鳍Ⅰ-5。侧线鳞48~50。鳃
耙5~9+14~15。

体呈纺锤形，稍侧扁。眼中大，侧上位，眼间隔宽平。**眼前具一深
槽**。口中大，倾斜。下颌突出，上颌骨后端仅伸达眼前缘下方。上下颌
具细齿多行，外行齿扩大，上颌前端具4枚犬齿，下颌前端具4~6枚犬
齿，犁骨齿群新月形，腭骨齿群细长条形。低龄鱼前鳃盖骨边缘具细锯
齿，高龄鱼边缘光滑。

体被中大栉鳞，背鳍鳍条部、臀鳍基部和头顶无鳞，颊部具鳞5~6
行，鳃盖骨具鳞7~8行。侧线完全，沿背缘伸达尾鳍基。

背鳍鳍棘部与鳍条部连续，无缺刻，**背鳍和臀鳍最后鳍条均延长**。
胸鳍短而圆，远小于头长。尾鳍深叉形，尾叶尖。

体呈深绿色、淡蓝色或蓝灰色，**背鳍第五至第九鳍棘的鳍膜近基部
处各具一黑斑**。

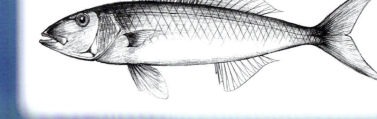

【生物学特性】

　　暖水性近海底层鱼类。主要栖息于水深180m以浅的潟湖、海峡或面海珊瑚礁周边的开阔水域，常独游或集成小群。主要以鱼类为食，也摄食虾蟹类和头足类等。最大全长达112cm，最大体重达15.4kg。

【地理分布】

　　分布于印度—太平洋区，西至东非沿岸，东至夏威夷群岛，北至日本南部，南至澳大利亚。我国主要分布于东海南部、南海和台湾海域。

【资源状况】

　　中大型鱼类，主要以钩钓、延绳钓或底拖网等捕获。肉质佳，可供食用，也可腌制成鱼干。大型个体常因食物链而含珊瑚礁鱼毒素。

149

75.红钻鱼 *Etelis carbunculus* Cuvier, 1828

【英文名】deep-water red snapper

【别名】滨鲷、红鱼

【分类地位】鲈形目Perciformes
笛鲷科Lutjanidae

【主要形态特征】

背鳍Ⅹ-11；臀鳍Ⅲ-8；胸鳍15~17；腹鳍Ⅰ-5。侧线鳞48~50。**鳃耙5~8+11~14。**

体呈长纺锤形，侧扁。眼中大，侧上位，眼间隔宽平。口中大，倾斜。下颌突出，上颌骨后端伸达眼中部下方。上下颌具圆锥形齿多行，外行齿扩大，上下颌前端各具2~4枚犬齿；犁骨齿群呈Λ形；腭骨具齿。

体被中大栉鳞，背鳍鳍条部和臀鳍基部无鳞，**上颌骨具鳞。**侧线完全，沿背缘伸达尾鳍基。

背鳍鳍棘部与鳍条部连续，**具深缺刻，背鳍和臀鳍最后鳍条均延长。**胸鳍尖长，末端伸达肛门。尾鳍叉形，上叶长于下叶，**但仅为体长25%~30%。**

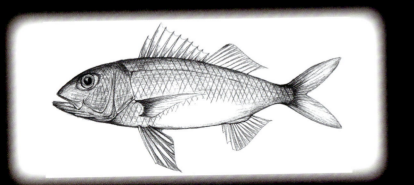

体背呈粉红色至红色，腹部色淡。尾鳍下叶末端具白色边缘。

【生物学特性】

暖水性近海底层鱼类。主要栖息于水深90~400m的近海岩礁区。主要以鱼类和大型无脊椎动物，如乌贼、虾及蟹等为食。常见个体全长65cm左右，最大叉长达127cm。

【地理分布】

分布于印度—太平洋区，西至东非沿岸，东至夏威夷群岛，北至日本南部，南至澳大利亚。我国主要分布于南海和台湾海域。

【资源状况】

中大型鱼类，主要以钩钓或延绳钓等捕获。肉质佳，可供食用。

76. 多耙红钻鱼 *Etelis radiosus* Anderson, 1981

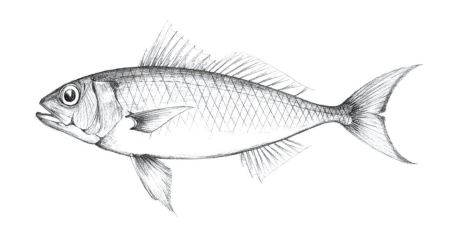

【英文名】pale snapper

【别名】大口滨鲷、多耙滨鲷、红鱼

【分类地位】鲈形目Perciformes
　　　　　　笛鲷科Lutjanidae

【主要形态特征】

　　背鳍Ⅹ-11；臀鳍Ⅲ-8；胸鳍16；腹鳍Ⅰ-5。侧线鳞50~51。鳃耙11~15+20~22。

　　体呈长纺锤形，侧扁。眼中大，侧上位，眼间隔宽平。口中大，倾斜。下颌突出，上颌骨后端伸达眼中部下方。上下颌具圆锥形齿多行，外行齿扩大，上下颌前端各具2~4枚犬齿；犁骨齿群呈窄弧带形；腭骨具齿。

　　体被中大栉鳞，背鳍鳍条部和臀鳍基部无鳞，上颌骨具鳞。侧线完全，沿背缘伸达尾鳍基。

　　背鳍鳍棘部与鳍条部连续，具深缺刻，背鳍和臀鳍最后鳍条均延长。胸鳍尖长，稍短于头长。尾鳍深叉形，上叶长于下叶，为体长的31%左右。

　　体背呈紫红色，腹部色淡。

【生物学特性】

　　暖水性近海底层鱼类。主要栖息于水深90~360m的近海岩礁区。主要以鱼类为食。常见个体体长50cm左右，最大体长达80cm。

【地理分布】

　　分布丁印度—太平洋区，西至斯里兰卡，东至萨摩亚，北至琉球群岛，南至澳大利亚。我国主要分布于南海和台湾海域。

【资源状况】

　　中型鱼类，主要以钩钓或延绳钓等捕获。肉质佳，可供食用。

77. 丝条长鳍笛鲷 *Symphorus nematophorus* (Bleeker, 1860)

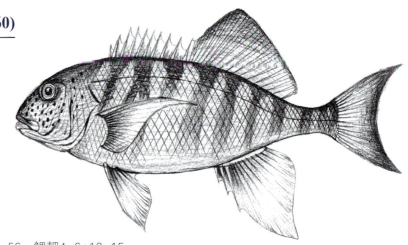

【英文名】Chinamanfish

【别名】曳丝笛鲷

【分类地位】鲈形目Perciformes

笛鲷科Lutjanidae

【主要形态特征】

背鳍 X -14~17；臀鳍Ⅲ-9~10；胸鳍16~17；腹鳍 I -5。侧线鳞50~56。鳃耙4~6+10~15。

体呈长椭圆形，侧扁而高。头中大，成鱼头背缘呈弓形突出。眼小，侧上位，眼间隔宽平，眼前具一深槽。口中大，倾斜。下颌突出，上颌骨后端伸达眼中部下方。上下颌齿呈窄带状，外行齿扩大，前方数齿呈犬齿状；犁骨、腭骨及舌上均无齿。前鳃盖骨后缘具锯齿。

体被中大栉鳞，背鳍鳍条部和臀鳍基部具鳞。侧线完全，沿背缘伸达尾鳍基。

背鳍鳍棘部与鳍条部连续，具浅缺刻，鳍棘部低于鳍条部，鳍条部较短，呈高立的三角形，幼鱼第三至第六鳍条延长呈丝状。臀鳍与背鳍鳍条部相对。胸鳍略短于头长，末端伸达肛门。尾鳍浅凹形。

幼鱼体背及体侧上部呈淡黄色至棕色，体侧下部淡黄色，体侧有8~9条蓝色纵带。成鱼体呈黄褐色至红褐色，腹部色淡，体侧具颜色较浅的斑点或横带。

【近似种】

本种与帆鳍笛鲷（*Symphorichthys spilurus*）相似，区别为后者成鱼吻部外缘几近垂直，尾柄上部具一大黑斑。

【生物学特性】

暖水性近海底层鱼类。主要栖息于水深50m以浅的近海岩礁区和珊瑚礁区。主要以鱼类为食。常见个体体长35cm左右，最大体长达100cm，最大体重达13.2kg。

【地理分布】

分布于印度—西太平洋区，西至澳大利亚西北部，东至新喀里多尼亚，北至琉球群岛，南至澳大利亚东北部。我国主要分布于南海和台湾海域。

【资源状况】

中型鱼类，主要以钩钓或延绳钓等捕获。肉质佳，可供食用。

78.奥奈银鲈 *Gerres oyena* (Forsskål, 1775)

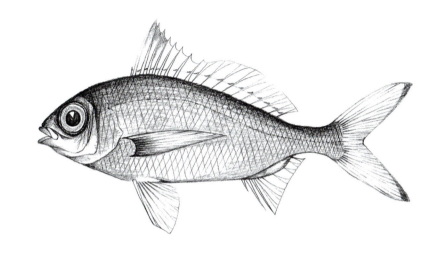

【英文名】common silver-biddy

【别名】奥奈钻嘴鱼、红尾银鲈、素银鲈

【分类地位】鲈形目Perciformes

　　　　　　银鲈科Gerreidae

【主要形态特征】

背鳍Ⅸ-10；臀鳍Ⅲ-7；胸鳍15~17；腹鳍Ⅰ-5。侧线鳞35~39 $\frac{3.5}{8.5~10}$。鳃耙6+8。

体呈长椭圆形，极侧扁，吻至背鳍起点外廓较平缓。头中大。吻钝尖。眼大。口小，能向前下方呈管状伸出。上下颌齿细小，呈绒毛带状，前部齿可倒向内侧；犁骨、腭骨及舌上均无齿。前鳃盖骨边缘光滑。

体被薄圆鳞，易脱落，前颌沟无鳞区伸达眼间隔的前部，背鳍和臀鳍基底具低鳞鞘。侧线完全，与背缘平行。

背鳍鳍棘部与鳍条部连续，具浅缺刻，第二鳍棘仅稍长于第三和第四鳍棘，最后鳍棘短于其后的鳍条。胸鳍短，末端不达臀鳍起点上方。尾鳍深叉形。

体背呈青灰色，腹部银白色，幼鱼体侧具6~8条不明显的暗色横带。背鳍第二至第五鳍棘间鳍膜边缘灰黑色，有时延伸至整个背鳍边缘。腹鳍黄色。

【生物学特性】

暖水性近海底层鱼类。主要栖息于水深20m以浅的沿岸泥沙底质海域，也可发现于河口、内湾和红树林，在珊瑚礁区周边的沙底质海域较常见。主要以小型无脊椎动物为食。最大全长达30cm。

【地理分布】

分布于印度—太平洋区，西至红海和东非沿岸，东至马绍尔群岛和萨摩亚群岛，北至琉球群岛，南至澳大利亚昆士兰和新喀里多尼亚。我国主要分布于南海和台湾海域。

【资源状况】

小型鱼类，主要以围网、底拖网或流刺网等捕获。沿海常年可见分布，春夏季较多，由于个体较小，多作为养殖鱼类饲料。

79.宽带副眶棘鲈 *Parascolopsis eriomma* (Jordan & Richardson, 1909)

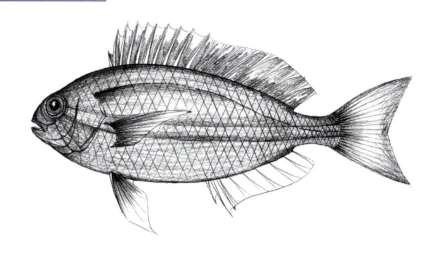

【英文名】swallowtail dwarf monocle bream

【别名】弱眶棘鲈、红尾赤冬、红副赤尾冬

【分类地位】鲈形目Perciformes

金线鱼科Nemipteridae

【主要形态特征】

背鳍 X -9；臀鳍Ⅲ-7；胸鳍15~18；腹鳍Ⅰ-5。侧线鳞34~36。

体呈长椭圆形，侧扁，背腹缘隆起约相等。头中大，头端尖细，头背几成直线。吻中大。眼大，侧上位，眼间隔不隆起；眶下骨具一向后弱棘，下缘具弱锯齿。口中大，端位，斜裂。上下颌齿细小，带状，无犬齿；犁骨、腭骨和舌上均无齿。第一鳃弓鳃耙17~19，长棒状。

体被大栉鳞，前鳃盖无鳞，头部鳞区向前延伸至眼中部。侧线完全，与背缘平行，侧线上鳞2.5行。

背鳍连续，无缺刻。臀鳍与背鳍鳍条部相对。胸鳍长，后端伸达肛门。腹鳍亚胸位，后端不伸达肛门。尾鳍叉形。

体呈红黄色，腹面略带银色光泽。体侧中部具一黄色纵带，侧线起点处具一深红色长斑。背鳍及尾鳍上叶红色，其他各鳍淡黄色。

【生物学特性】

暖水性近海底层鱼类。成鱼主要栖息于近海沙质或泥质底质海域，栖息水深25~264m。主要以底栖无脊椎动物等为食。最大全长达35cm。

【地理分布】

分布于印度—西太平洋区，西至红海和非洲东岸，东至印度尼西亚，北至琉球群岛，南至澳大利亚北部。我国主要分布于东海南部、南海和台湾海域。

【资源状况】

中小型鱼类，主要以钩钓和延绳钓等捕获。数量较少，可供食用。

80．双线眶棘鲈 *Scolopsis bilineata* (Bloch, 1793)

【英文名】 two-lined monocle bream

【别名】 双带眶棘鲈、双带赤尾冬

【分类地位】 鲈形目Perciformes
金线鱼科Nemipteridae

【主要形态特征】

背鳍Ⅹ-9；臀鳍Ⅲ-7；胸鳍16~18；腹鳍Ⅰ-5。侧线鳞43~47$\frac{3.5}{9}$。鳃耙4~5+5~7。

体呈长椭圆形，侧扁，背腹缘隆起约相等。头稍尖，头背缘几呈直线。吻中大。眼大，眶下骨具一发达的向后棘，下缘具细锯齿，上缘具向前棘。口中大，端位。上颌骨后端伸达后鼻孔下方，上颌骨几全被眶下骨所遮盖。上下颌齿细小，前部呈绒毛带状，后侧齿1行；犁骨、腭骨及舌上均无齿。前鳃盖后缘具细锯齿，隅角部向后突出。

体被中大栉鳞，头背部鳞片伸至前鼻孔。侧线完全，与背缘平行。

背鳍鳍棘部与鳍条部连续，无缺刻，背鳍鳍条部后缘和臀鳍后缘钝尖形。胸鳍较大，上部尖。腹鳍末端伸达臀鳍起点。尾鳍叉形。

幼鱼体侧具3条黑色纵带，纵带间为黄色，腹面银白色；背鳍鳍棘部前端具一大黑斑。成鱼体呈黄绿色至灰褐色，腹面银白色，体侧具一镶黑边的白色斜带，自眼下部斜行至背鳍第十鳍棘和第一鳍条下方，眼上部至背鳍鳍棘部间另有3条黄色细斜带；背鳍鳍条部后方基部具一大白斑，背鳍鳍条部前部上缘、臀鳍前部及尾鳍上下缘深红色至黑色。

【生物学特性】

暖水性近海底层鱼类。成鱼主要栖息于水深1~25m的珊瑚礁区和岩礁区，常成对活动；幼鱼多栖息于沿海碎石区或潟湖。幼鱼具有模拟有毒鱼类黑带稀棘鳚（*Meiacanthus grammistes*）的拟态行为。主要以小鱼和底栖无脊椎动物等为食。雌雄同体，具性转变现象，先雌后雄。常见个体体长13cm左右，最大全长达25cm。

【地理分布】

分布于印度—西太平洋区，西至马尔代夫和拉克代夫群岛，东至斐济，北至日本南部，南至豪勋爵岛。我国主要分布于南海和台湾海域。

【资源状况】

小型鱼类，主要以钓钓和流刺网等捕获。数量较少，无食用价值，因体色艳丽，常见于水族馆。

81. 灰裸顶鲷 *Gymnocranius griseus* (Temminck *et* Schlegel, 1843)

【英文名】grey large-eye bream

【别名】灰白鱲、白鱲、白果、白鲷、白鱲

【分类地位】鲈形目Perciformes

裸颊鲷科Lethrinidae

【主要形态特征】

背鳍 X -9~10；臀鳍Ⅲ-9~10；胸鳍14~15；腹鳍 Ⅰ-5。侧线鳞48~51。鳃耙2~4+5~6。

体呈椭圆形，侧扁，背腹缘呈弓状弯曲，体长为体高的1.9~2.3倍。头较大。吻尖。眼大。口小，端位。上颌骨后端伸达眼前缘下方，上颌骨上缘平滑。上下颌前端有数个弯曲状犬齿，两侧为小圆锥齿，外行齿较大，内行呈不规则带状；犁骨、腭骨及舌上均无齿。前鳃盖后缘光滑。

体被弱栉鳞，头部除颊部、鳃盖外均无鳞，颊部具鳞4行，侧线上鳞5.5行。侧线完全，与背缘平行。

背鳍鳍棘部与鳍条部连续，无缺刻，第四鳍棘最长。臀鳍与背鳍鳍条部相对。胸鳍位低。腹鳍位于胸鳍基下方。尾鳍叉形，末端较尖。

体呈银白色至灰色，**颊部经眼具一暗横带，**体侧具5~6条暗横带，幼鱼横带较明显。各鳍透明至淡黄色，有时背鳍、臀鳍和尾鳍上有黑色斑纹，胸鳍基底具一暗窄带。

【生物学特性】

暖水性近海中下层鱼类。主要栖息于沿岸水深20m以上的沿岸及近海岩礁区外缘的泥质或沙质底质海域，栖息水深可达80m，幼鱼可出现于河口。主要以底栖无脊椎动物等为食。常见个体全长25cm左右。

【地理分布】

分布于印度—西太平洋区日本南部至印度—马来群岛和澳大利亚西部。我国主要分布于东海南部、南海和台湾海域。

【资源状况】

小型鱼类，主要以钓钓、延绳钓或底拖网等捕获。肉味鲜美，可供食用。

82.尖吻裸颊鲷 *Lethrinus olivaceus* Valenciennes, 1830

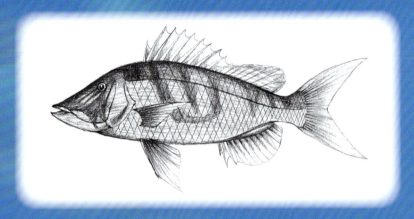

【英文名】longface emperor

【别名】尖吻龙占鱼、长吻裸颊鲷、脸尖、连尖、黎黄

【分类地位】鲈形目Perciformes

裸颊鲷科Lethrinidae

【主要形态特征】

背鳍Ⅹ-9；臀鳍Ⅲ-8；胸鳍12~13；腹鳍Ⅰ-5。侧线鳞46~48 $\frac{5.5}{16~17}$。鳃耙4~6+4~6。

体呈长椭圆形，侧扁。头大。吻尖而长，吻上缘与上颌骨间角度为40°~50°。眼小，侧位而高。眼间隔宽，微凸或平坦。口中大，近水平状。上下颌约等长。上颌骨后端只及吻部的1/2。上下颌齿细尖，前端犬齿中等大，后方侧齿呈犬齿状。前鳃盖骨边缘光滑。

体被弱栉鳞，头部仅鳃盖骨被鳞，胸鳍基部内侧无鳞，侧线上鳞5.5行。侧线完全，位高，与背缘平行，向后延伸至尾鳍基。

背鳍鳍棘部与鳍条部连续，具浅缺刻，第三或四鳍棘最长。臀鳍与背鳍鳍条部相对。胸鳍尖长，镰形。腹鳍位于胸鳍基下方。尾鳍叉形，末端较尖。

体呈灰色至黄褐色，背部色深，腹部色浅，体侧散布许多不规则的斑块，吻部具暗色波纹，上颌尤其是口角处边缘红色。成鱼斑纹不明显。

【近似种】

本种常被误鉴为长吻裸颊鲷（*L. miniatus*），区别为后者胸鳍基部内侧具鳞，侧线上鳞4.5行，吻上缘与上颌骨间角度为50°~65°。

【生物学特性】

暖水性近海中下层鱼类。主要栖息于沿岸沙底质海域、潟湖和礁坡，幼鱼常集成大群，多活动于沿岸浅水沙底质海域，栖息水深1~185m。主要以鱼类、甲壳类和头足类等为食。常见个体全长70cm左右，最大全长达100cm，最大体重达14kg。

【地理分布】

　　分布于印度—西太平洋区，西至红海和东非沿岸，东至萨摩亚和法属波利尼西亚，北至琉球群岛，南至澳大利亚北部。我国主要分布于南海和台湾海域。

【资源状况】

　　中型鱼类，为裸颊鲷科中个体最大的种类，主要以钩钓、延绳钓或流刺网等捕获。肉味鲜美，可供食用，大型个体常因食物链而含珊瑚礁鱼毒素。

83. 黄背牙鲷 *Dentex hypselosomus* Bleeker, 1854

【英文名】yellowback sea-bream

【别名】黄牙鲷、黄鲷、赤鯮、黄加拉

【分类地位】鲈形目Perciformes

鲷科Sparidae

【主要形态特征】

背鳍XII-10；臀鳍III-8；胸鳍15~16；腹鳍 I -5。侧线鳞47~49。

体呈长卵圆形，侧扁，背缘狭窄，腹缘圆钝。头大，头背隆起甚高，眼间隔前方具一凹陷。吻端圆钝。眼中大，侧上位。口中大，前位，微斜。上下颌等长，上颌骨后端伸达眼前缘下方。上下颌两侧无臼齿，两侧外行齿圆锥状，内行齿颗粒状，上颌前端具2对犬齿，下颌前端具2~3对犬齿；犁骨、腭骨和舌上均无齿。前鳃盖骨边缘具细锯齿，鳃盖骨后端具一扁平钝棘。

体被较大弱栉鳞，后头部、鳃盖部及颊部均被鳞，背鳍和臀鳍鳍棘部基底具发达鳞鞘，鳍条基部被细鳞。侧线完全，上侧位，浅弧形，与背缘平行。

背鳍鳍棘部与鳍条部连续，无缺刻，起点在胸鳍基部上方，鳍棘强，第四鳍棘最长，各鳍棘平卧时可左右交错收折于背部鳞鞘沟中。臀鳍短，与背鳍鳍条部同形，第二鳍棘最强大。胸鳍尖长，后端伸达臀鳍起点上方。腹鳍胸位。尾鳍叉形。

体背呈红色，腹部淡红色至银白色。体侧在背鳍基部下方具3个金黄色大圆斑，背鳍鳍条部后方背侧具一瞳孔大小暗黄色斑。各鳍浅黄色微带粉红色。

【生物学特性】

暖水性近海底层鱼类。主要栖息于近海沙质或泥沙底质大陆架海域，栖息水深50~200m。主要以头足类、甲壳类及小鱼等为食。繁殖期为12月至翌年3月。常见个体体长14~25cm，最大体长达31cm。

【地理分布】

分布于西北太平洋区日本南部、韩国南部和中国。我国主要分布于东海、南海和台湾海域。

【资源状况】

小型鱼类，主要以钩钓、延绳钓或底拖网等捕获。肉味鲜美，可供食用，为高经济价值鱼类之一。

84.平鲷 *Rhabdosargus sarba* (Forsskål, 1775)

【英文名】goldlined seabream

【别名】黄锡鲷、平头、香头、元头鲹

【分类地位】鲈形目Perciformes

　　　　　　鲷科Sparidae

【主要形态特征】

背鳍Ⅺ-12~13；臀鳍Ⅲ-10~11；胸鳍14~15；腹鳍Ⅰ-5。侧线鳞53~63。鳃耙6~7+7~9。

体呈长卵圆形，侧扁，背缘狭窄，深弧形，腹缘圆钝，近平直。头大，头背隆起甚高。吻端圆钝。眼中大，侧上位。口小，前位，近水平状。上颌后端伸达眼中部下方。上下颌前端具门齿6枚，侧面具臼齿，上颌齿4行，下颌齿3行；犁骨、腭骨和舌上均无齿。前鳃盖骨后缘光滑，鳃盖骨后缘具一扁棘。

体被中大薄圆鳞，背鳍及臀鳍鳍棘基底具鳞鞘，鳍条部基底被鳞。侧线完全，上侧位，与背缘平行。

背鳍鳍棘部与鳍条部连续，无缺刻，第四或第五鳍棘最长，各鳍棘平卧时可左右交错收折于背部鳞鞘沟中。臀鳍短，与背鳍鳍条部同形，起点在背鳍第四鳍棘下方。胸鳍中长，后端伸达臀鳍起点上方。腹鳍胸位。尾鳍叉形。

体背呈青灰色，腹面银灰色，体侧具若干暗色纵带，数量与鳞列相当，侧线起点处数枚鳞片边缘黑色，形成一黑斑。腹鳍和臀鳍黄色，背鳍灰色，尾鳍下缘黄色。

【生物学特性】

暖水性近海底层鱼类。主要栖息于水深60m以浅的沿岸岩礁区，也常进入河口及红树林区，幼鱼主要生活于河口，随生长逐渐向深水区移动。杂食性，主要以双壳类、虾蟹类等底栖无脊椎动物和海藻等为食。常见个体体长25cm左右，最大全长达80cm，最大体重达12kg。

【地理分布】

分布于印度—西太平洋区，西至红海和东非沿岸，东至巴布亚新几内亚，北至日本南部，南至澳大利亚。我国主要分布于黄海、东海、南海和台湾海域。

【资源状况】

中型鱼类，主要以钩钓、延绳钓或底拖网等捕获。肉味鲜美，可供食用，也是沿海重要的养殖鱼类之一。

85.银姑鱼 *Pennahia argentata* (Houttuyn, 1782)

【英文名】silver croaker

【别名】白姑鱼、白姑子、白口、白梅

【分类地位】鲈形目Perciformes
石首鱼科Sciaenidae

【主要形态特征】
背鳍Ⅹ，Ⅰ-25~28；臀鳍Ⅱ-7~8；胸鳍17~18；腹鳍Ⅰ-5。侧线鳞48~52。鳃耙5~6+9~11。
体延长，侧扁。背腹缘略呈弧形。头中大。吻圆钝。吻褶完整，不分叶。眼中大，侧上位，眼间隔微凸。口大，前位，口裂稍斜。上颌稍长于下颌，上颌骨后端伸达眼中部下方。上颌齿细小，外行齿较大；下颌齿2行，内行齿较大。**颏孔6个，中央颏孔及内侧颏孔呈梯形排列。**前鳃盖骨边缘具细锯齿，鳃盖骨后上方具2扁棘。
体被栉鳞，背鳍和臀鳍基底具鳞鞘。侧线完全，前部浅弧形，后部平直，伸达尾鳍末端。
背鳍鳍棘部与鳍条部连续，具深缺刻，起点在胸鳍基底上方。臀鳍具2鳍棘，起点在背鳍第十二鳍条下方。胸鳍尖形。尾鳍楔形。
鳔大，前端圆形，不向外突出成侧囊。鳔侧具25对侧肢，侧肢具腹分支，无背分支。
体背侧呈灰褐色，腹部银白色，**背鳍鳍条部中间具一银白色纵带。**口腔白色，鳃腔黑色，**鳃盖后缘具一大黑斑。**

【生物学特性】

　　暖水性近海中下层鱼类。主要栖息于水深20~140m的沿岸沙泥底质海域。主要以虾类和小鱼等为食。繁殖期为4—6月，集群向近海洄游产卵。常见个体体长20cm左右，最大体长达40cm。

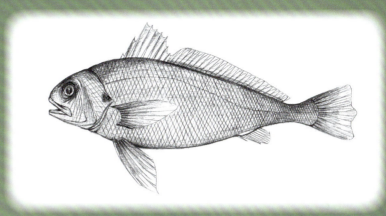

【地理分布】

　　分布于西太平洋区中国、朝鲜和日本。我国主要分布于黄海、东海、南海和台湾海域。

【资源状况】

　　小型鱼类，为我国重要海洋经济鱼类，是底拖网的重要捕捞对象之一，东海有一定产量。肉质佳，供鲜销或制盐干品。

86.无斑拟羊鱼 *Mulloidichthys vanicolensis* (Valenciennes, 1831)

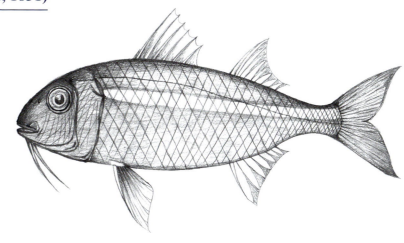

【英文名】yellowfin goatfish

【别名】金带拟须鲷、金带拟羊鱼、金带似羊鱼、海鲤、秋姑、须哥

【分类地位】鲈形目Perciformes
　　　　　　羊鱼科Mullidae

【主要形态特征】

背鳍Ⅶ，Ⅰ-9；臀鳍Ⅰ-7；胸鳍16~17；腹鳍Ⅰ-5。侧线鳞35~38。鳃耙8~10+22~26。

体呈长纺锤形，稍侧扁。头中大。吻钝尖。眼大，侧位而高。眼间隔宽，中间微凸。口小，前下位。上下颌约等长，上颌骨后端宽圆，露出，不伸达眼前缘下方。上下颌齿细小，绒毛状，犁骨、腭骨均无齿。前鳃盖骨边缘光滑，鳃盖骨后上角具一扁棘。颏部具1对长须，须后端超过前鳃盖骨。

体被中大栉鳞，易脱落，头部仅吻端及眶前骨无鳞。侧线完全，与背缘平行。

背鳍2个，分离，第一背鳍大于第二背鳍。臀鳍与第二背鳍同形相对。胸鳍宽短。腹鳍位于胸鳍下方，约与胸鳍等长。尾鳍深叉形。

体背呈红褐色，体侧淡红色至百色，腹部呈白色。体侧具一金黄色宽纵带，自眼后眼侧线上部伸达尾鳍基。各鳍黄色。

【生物学特性】

暖水性近海底层鱼类。主要栖息于水深113m以浅的礁坡、潟湖及沿岸面海的岩礁周边的沙底质海域，白天集群，夜晚分散觅食。用颏须搜寻沙泥中的食物，主要以蠕虫和甲壳类等底栖无脊椎动物等为食。常见个体全长25cm左右，最大全长达38cm。

【地理分布】

分布于印度—西太平洋区，西至红海和东非沿岸，东至夏威夷群岛、莱恩群岛和皮特凯恩群岛，北至日本南部，南至澳大利亚新南威尔士。我国主要分布于东海南部、南海和台湾海域。

【资源状况】

小型鱼类，主要以流刺网和延绳钓等捕获。肉味鲜美，可供食用。由于其独特的摄食行为，常作为观赏鱼见于水族馆。

87.红海副单鳍鱼 *Parapriacanthus ransonneti* Steindachner, 1870

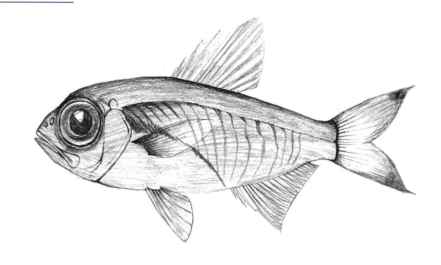

【英文名】golden sweeper

【别名】充金眼鲷、雷氏充金眼鲷、红海拟单鳍鱼、大面侧仔

【分类地位】鲈形目Perciformes

　　　　　单鳍鱼科Pempheridae

【主要形态特征】

背鳍Ⅴ-8~10；臀鳍Ⅲ-19~23；胸鳍16~17；腹鳍Ⅰ-5。侧线鳞60~79。鳃耙6~7+18~19。

体呈长椭圆形，甚侧扁。头中大。吻圆钝。眼大，眼径远大于吻长。口大，端位，倾斜。下颌稍突出，上颌稍可伸出。上下颌、犁骨和腭骨均具绒毛状细齿，舌上无齿。前鳃盖骨及鳃盖骨均无棘。

体被圆鳞，头部除吻端外均被鳞，臀鳍基底无鳞。侧线完全，后端伸达尾鳍中间鳍条1/2处。

背鳍鳍棘部与鳍条部连续，无缺刻，背鳍基底短。臀鳍基底远长于背鳍基底。尾鳍叉形。

体背呈淡红色，腹部及头侧银白色。尾鳍上下叶末端黑色。

【生物学特性】

暖水性岩礁鱼类。主要栖息于水深3~30m的沿岸或离岸的岩礁区，常集成大群躲藏于岩架或洞穴中，夜行性。主要以浮游动物等为食。最大全长达10cm。

【地理分布】

分布于印度—西太平洋区，西至红海和东非沿岸，东至马绍尔群岛，北至日本南部，南至澳大利亚。我国主要分布于南海和台湾海域。

【资源状况】

小型鱼类，数量较少，无经济价值，偶见于大型水族馆。

88.黑边单鳍鱼 *Pempheris oualensis* Cuvier, 1831

【英文名】blackspot sweeper

【别名】黑稍单鳍鱼、黑梢单鳍鱼、琉球单鳍鱼、乌伊兰拟金眼鲷、
　　　　三角仔、刀片

【分类地位】鲈形目Perciformes
　　　　　　单鳍鱼科Pempheridae

【主要形态特征】

背鳍Ⅵ-9~10；臀鳍Ⅲ-36~45；胸鳍17；腹鳍Ⅰ-5。侧线鳞54~79。鳃耙7~10+19~26。

体呈长卵圆形，甚侧扁，背腹缘隆起，尾柄细长，腹鳍前部具隆起嵴。头中大。吻圆钝。眼大，眼径远大于吻长。口大，端位，倾斜。下颌突出，上颌稍可伸出。上下颌、犁骨和腭骨均具绒毛状细齿，舌上无齿。前鳃盖骨后缘具1~3细棘，鳃盖骨无棘。

体被栉鳞，头侧及尾鳍基部均被鳞，臀鳍基部具鳞。侧线完全，后端伸达尾鳍中间鳍条末端。侧线上鳞5~7行。

背鳍鳍棘部与鳍条部连续，无缺刻，背鳍基底短。臀鳍基底远长于背鳍基底。尾鳍浅凹。

体呈褐色。胸鳍基部具一黑斑，背鳍前缘及末端黑色，臀鳍基底色深，尾鳍通常无黑色后缘。

【生物学特性】

暖水性岩礁鱼类。主要栖息于水质清澈的浅水潟湖及面海的岩礁和珊瑚礁下方或洞穴中，栖息水深1~36m，白天集群躲藏于洞穴中，夜晚外出觅食。主要以浮游动物、小型底栖甲壳类和小鱼等为食。最大全长达22cm。

【地理分布】

分布于印度—太平洋区，西至红海，东至莱恩群岛、马克萨斯群岛和迪西岛，北至琉球群岛，南至豪勋爵岛和拉帕岛。我国主要分布于东海南部、南海和台湾海域。

【资源状况】

小型鱼类，数量较少，无经济价值，偶见于大型水族馆。

89. 银腹单鳍鱼 *Pempheris schwenkii* Bleeker, 1855

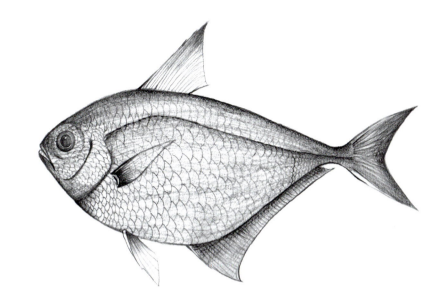

【英文名】silver sweeper

【别名】南方拟金眼鲷、史氏拟金眼鲷、三角仔、刀片

【分类地位】鲈形目Perciformes

　　　　　单鳍鱼科Pempheridae

【主要形态特征】

　　背鳍Ⅵ~Ⅶ-9~10；臀鳍Ⅲ-35~42；胸鳍15~17；腹鳍Ⅰ-5。侧线鳞54~79。鳃耙6~9+18~22。

　　体呈长卵圆形，甚侧扁，背腹缘隆起，尾柄细长，腹鳍前部具隆起嵴。头中大。吻钝圆。眼大，眼径远大于吻长。口大，端位，倾斜。下颌突出，上颌稍可伸出。上下颌、犁骨和腭骨均具绒毛状细齿，舌上无齿。前鳃盖骨后缘具1~3细棘，鳃盖骨无棘。

　　体背及腹侧被圆鳞且呈两层，表层为大型鳞，内层为不规则小型鳞；余被大栉鳞，臀鳍基部具鳞。侧线完全，后端伸达尾鳍中间鳍条末端。侧线上鳞较少，仅3~4行。

　　背鳍鳍棘部与鳍条部连续，无缺刻，背鳍基底短。臀鳍基底远长于背鳍基底。尾鳍浅凹。

　　体背呈暗褐色，或黄色至灰色而带绿色光泽，腹部银白色。背鳍前缘黑色，臀鳍基底色深，尾鳍粉红色。

【生物学特性】

　　暖水性岩礁鱼类。主要栖息于水质清澈的浅水潟湖及面海的岩礁和珊瑚礁下方或洞穴中，栖息水深5~40m，白天集群躲藏于洞穴中，夜晚外出觅食。主要以浮游动物等为食。最大全长达15cm。

【地理分布】

　　分布丁印度—太平洋区，西至东非沿岸，东至斐济和瓦努阿图，北至日本南部，南至澳大利亚。我国主要分布于台湾海域。

【资源状况】

　　小型鱼类，数量较少，无经济价值，偶见于大型水族馆。

90. 小鳞黑鲀 *Girella leonina* (Richardson, 1846)

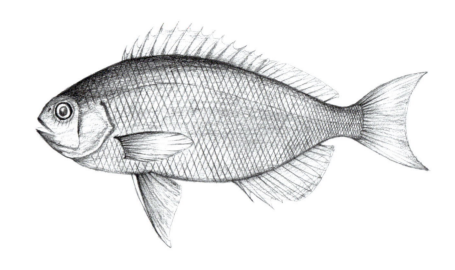

【英文名】small scale blackfish

【别名】小鳞瓜子鱲、黑瓜子鱲、黑己鱼、黑毛、乌毛

【分类地位】鲈形目Perciformes
　　　　　　鲀科Kyphosidae

【主要形态特征】

背鳍 XIV～XV-12～16；臀鳍 Ⅲ-12～14；胸鳍20～24；腹鳍 Ⅰ-5。侧线鳞62～66。

体呈长椭圆形，侧扁，头背平直。头短。吻圆钝。眼中大。口小，前位，口裂近水平。上颌骨大部为眶前骨所遮盖。上下颌齿前端呈门齿状，能活动，齿端呈三尖状；两侧齿1行，细小，呈圆锥状；犁骨、腭骨和舌上均无齿。

体被中大栉鳞，吻部无鳞，鳃盖骨仅上方1/3覆盖细鳞，背鳍和臀鳍基底具鳞鞘。侧线完全，与背缘平行，侧线鳞62～66。

背鳍连续，无缺刻。臀鳍与背鳍鳍条部相对。胸鳍宽短。腹鳍较小，位于胸鳍基后下方。尾鳍后缘凹入，末端较尖。

体呈灰褐色至暗褐色，鳃盖后缘黑色，胸鳍基部具一黑斑。

【生物学特性】

暖温性岩礁鱼类。主要栖息于沿岸浅水岩礁区，栖息水深1～15m。杂食性，冬季主要以近岸藻类为食，其他季节以中小型无脊椎动物为食。最大体长达46cm。

【地理分布】

分布于西中太平洋区香港至日本，中途岛和夏威夷群岛也有分布记录。我国主要分布于台湾海域。

【资源状况】

中型鱼类，在台湾海域较常见，主要以钩钓或定置网等捕获。肉味鲜美，为优质食用鱼。

91. 曲纹蝴蝶鱼 *Chaetodon baronessa* Cuvier, 1829

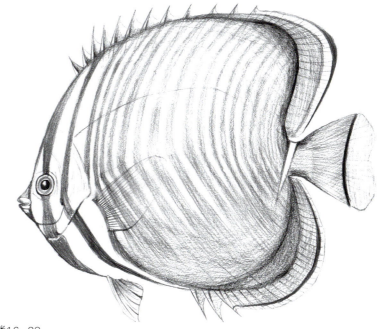

【英文名】eastern triangular butterflyfish

【别名】曲纹蝶、天王蝶、天皇蝶、三角纹蝶

【分类地位】鲈形目Perciformes

蝴蝶鱼科Chaetodontidae

【主要形态特征】

背鳍Ⅺ~Ⅻ-23~26；臀鳍Ⅲ-20~22；胸鳍14~16；腹鳍Ⅰ-5。侧线鳞16~23。

体呈圆形，侧扁而高。头小，头背缘平直，鼻区处内凹。吻短尖。眼较大。鼻孔2个，前鼻孔具鼻瓣。口小，前位，口裂平直。上下颌齿各4行，尖细，呈刷毛状。前鳃盖骨边缘具细锯齿。鳃盖膜与峡部相连。

体被中大栉鳞。侧线不完全，止于背鳍鳍条部后下方。

背鳍连续，无缺刻，起点约与腹鳍起点相对，鳍条部外缘圆弧形。臀鳍后缘圆弧形。胸鳍宽短。尾鳍近截形。

体呈蓝灰色，体侧具约11条〈状窄条纹，头部具3条黑带：第一条位于吻部；第二条为眼带，眼带窄于眼径，向下延伸至腹鳍前缘；第三条自背鳍起点后方经鳃盖至腹鳍后缘，3条黑带间隙为银白色。背鳍鳍条部和臀鳍鳍条部后缘蓝黑色。尾鳍后缘色浅。

【近似种】

本种与三角蝴蝶鱼（*C. triangulum*）相似，区别为后者尾鳍具黄色弯月状条纹，且仅分布于印度洋区。

【生物学特性】

暖水性珊瑚礁鱼类。主要栖息于潟湖或面海的岩礁区，栖息水深5~20m。常成对游动。仅以鹿角珊瑚（*Acropora* spp.）的水螅体为食。繁殖期雌雄配对生活。最大全长达16cm。

【地理分布】

分布于印度—西太平洋区，西至东印度洋科科斯基林群岛，东至斐济和汤加，北至日本南部，南至新喀里多尼亚和澳大利亚新南威尔士。我国主要分布于南海和台湾海域。

【资源状况】

小型鱼类，无食用价值。体色艳丽，是极受欢迎的观赏鱼，常潜水捕获，鲜活出售，在水族行业具有较高的商业价值。

92. 八带蝴蝶鱼 *Chaetodon octofasciatus* Bloch, 1787

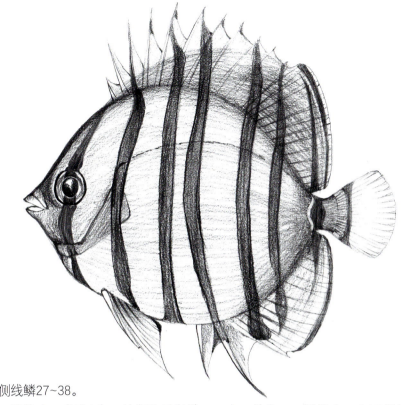

【英文名】eightband butterflyfish

【别名】八线蝶

【分类地位】鲈形目Perciformes

蝴蝶鱼科Chaetodontidae

【主要形态特征】

背鳍 X~XII-17~19；臀鳍III~IV-14~17；胸鳍12~15；腹鳍 I -5。侧线鳞27~38。

体呈卵圆形，侧扁而高。头小，头背缘平直，鼻区处内凹。吻尖。眼较大。鼻孔2个，前鼻孔具鼻瓣。口小，前位，口裂平直。上下颌齿细尖密列，上颌齿3行，下颌齿5行。前鳃盖骨边缘具细锯齿。鳃盖膜与峡部相连。

体被小栉鳞，多为圆形。侧线不完全，止于背鳍鳍条部后下方。

背鳍连续，无缺刻，起点约与腹鳍起点相对，鳍条部外缘圆弧形。臀鳍后缘圆弧形。胸鳍宽短。尾鳍近截形。

体呈白色至黄色，胸腹部色淡。体侧具8条黑褐色窄横带：第一条为窄于眼径的眼带，体侧有5条，第七条在尾柄上，第八条在尾鳍基部。背鳍、臀鳍及腹鳍黄色；胸鳍基部黄色，后部色淡；尾鳍色淡。

【生物学特性】

暖水性珊瑚礁鱼类。主要栖息于珊瑚礁密集的潟湖和近海岩礁区，栖息水深3~20m。幼鱼在鹿角珊瑚（*Acropora* spp.）区集群游动，成鱼成对生活。仅以珊瑚水螅体为食。繁殖期雌雄配对生活。最大全长达12cm。

【地理分布】

分布于印度—西太平洋区，西至印度东部和菲律宾，东至所罗门群岛，北至日本南部，南至大堡礁。我国主要分布于南海和台湾海域。

【资源状况】

小型鱼类，无食用价值。体色艳丽，是极受欢迎的观赏鱼，常潜水捕获，鲜活出售，在水族行业具有较高的商业价值。

93.海氏刺尻鱼 *Centropyge heraldi* Woods *et* Schultz, 1953

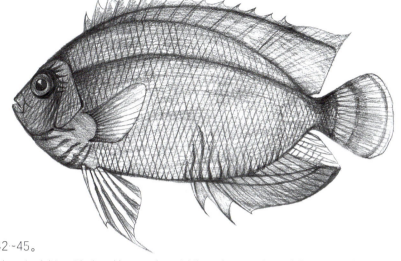

【英文名】yellow angelfish

【别名】黄刺尻鱼、黄新娘

【分类地位】鲈形目Perciformes

刺盖鱼科Pomacanthidae

【主要形态特征】

背鳍XIV-16~18；臀鳍III-17~19；胸鳍15~17；腹鳍 I -5。侧线鳞42~45。

体呈长椭圆形，侧扁，背腹缘凸度相似。头小，头背缘稍向下陡斜。吻稍长，前端圆钝。眼小，侧位而高。口小，前位，口裂水平状。上下颌约等长，上颌骨垂直状隐藏于眶前骨下。上下颌齿细长，有3齿尖，中间齿尖长，呈刷毛状排列。眶前骨下缘突出，后缘游离，后方具棘；前鳃盖骨边缘具锯齿，隅角具一向后强棘。间鳃盖骨小，后下角具1~2个小刺。

体被中大强栉鳞，体前背部具辅鳞。侧线不完全，与背缘平行，止于背鳍基底后端的前下方。

背鳍连续，无缺刻。臀鳍鳍条部与背鳍鳍条部后端呈尖角状。胸鳍长圆形。腹鳍尖形。尾鳍圆形。

体呈金黄色，眼周有黑褐色斑纹及白点。臀鳍具褐色纵带。

【生物学特性】

暖水性珊瑚礁鱼类。主要栖息于外礁陡坡区，偶见于潟湖的岩礁区，栖息水深5~90m。常集成2~4尾的小群活动，主要以海藻、珊瑚水螅体和附着生物等为食。具性逆转特性，雌性先成熟。最大全长达12cm。

【地理分布】

分布于印度—西太平洋区，西至斯里兰卡，东至密克罗尼西亚和法属波利尼西亚，北至日本南部，南至大堡礁。我国主要分布于南海和台湾海域。

【资源状况】

小型鱼类，无食用价值。体色艳丽，是极受欢迎的观赏鱼，常潜水捕获，鲜活出售，在水族行业具有较高的商业价值。

94. 日本五棘鲷 *Pentaceros japonicus* Steindachner, 1883

【英文名】Japanese armorhead

【别名】五棘帆鱼、五棘鲷、旗鲷

【分类地位】鲈形目Perciformes

五棘鲷科Pentacerotidae

【主要形态特征】

背鳍Ⅹ～Ⅻ-12～15；臀鳍Ⅳ～Ⅴ-8～11；胸鳍15～17；腹鳍Ⅰ-5。侧线鳞46～55。鳃耙6～8+16～18。

体呈椭圆形，侧扁而高，背部轮廓隆起，体高以背鳍第一鳍棘处最高。头小，头背部颅骨裸露，具辐射状骨质突起。吻略长，圆锥状。眼大，侧上位。口小，前位，口裂微倾斜。唇厚。上下颌约等长。上下颌齿数行，圆锥状；犁骨具绒毛状齿；腭骨和舌上无齿。前鳃盖骨和鳃盖骨边缘光滑。鳃耙细长。

体被中大栉鳞，颊部及眼后被细鳞。侧线完全，位高，在胸鳍上方呈一大弧形，与背缘平行，止于尾鳍基。

背鳍连续，无缺刻，第三和第四鳍棘较强大，背鳍鳍条部基底长远短于鳍棘部基底长。臀鳍具4～5鳍棘（通常为5），第二鳍棘最强大。胸鳍位低。腹鳍起点在胸鳍基部后缘下方。尾鳍浅凹形。

体呈银色而略带黄色，腹部色浅。腹鳍鳍膜黑色。幼鱼体侧具不规则的云纹。

【生物学特性】

暖水性近海中下层鱼类。主要栖息于较深的沙泥底质海域，栖息水深100～830m。最大全长达25cm。

【地理分布】

分布于西太平洋区日本南部至澳大利亚和新西兰。我国主要分布于东海和台湾海域。

【资源状况】

小型鱼类，较罕见，偶由底拖网或延绳钓捕获。可供食用。

95.尖突吻蝲 *Rhynchopelates oxyrhynchus* (Temminck *et* Schlegel, 1842)

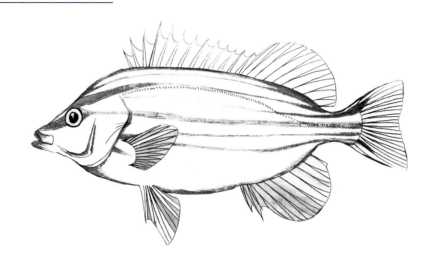

【英文名】thornfish

【别名】尖吻蝲、突吻蝲、斑吾、唱歌婆、斑猪、金苍蝇、石或、
丙猪哥

【分类地位】鲈形目Perciformes
蝲科Terapontidae

【主要形态特征】

背鳍XII-9~11；臀鳍III-7~9；胸鳍13~14；腹鳍 I -5。侧线鳞50~60。鳃耙7~8+14~16。

体呈长椭圆形，侧扁，背腹缘圆钝。头小，头背缘平斜。吻尖，吻长大于眼径。眼中大，侧上位。口小，前位。上颌稍突出。唇较厚。上下颌齿细小，呈带状排列，外行齿较大，圆锥状；犁骨、腭骨和舌上均无齿。前鳃盖骨边缘具锯齿，隅角处较强大。鳃盖骨具2扁棘，下棘强大。

体被栉鳞，背鳍和臀鳍基底鳞鞘发达。侧线完全，几与背缘平行。

背鳍鳍棘部和鳍条部连续，具浅缺刻，最后2鳍棘约等长。臀鳍与背鳍鳍条部同形相对，第二鳍棘最强大。胸鳍宽短。腹鳍亚胸位。尾鳍后缘浅凹。

体背呈灰白色，腹部白色。体侧具4条较粗的黑色纵带，纵带间各有1条不明显的褐色细纵带。背鳍鳍棘部基底和边缘红褐色，背鳍鳍条部和尾鳍散布黑色斑点。

【生物学特性】

暖水性近海底层鱼类。主要栖息于沙泥底质或岩礁附近，也可进入河口，甚至河流下游。具昼夜垂直移动习性，白天栖息于水体下层，夜间活动于水体中上层。主要以虾蟹类等底栖动物和小鱼等为食。最大体长达25cm。

【地理分布】

分布于西太平洋区日本南部至菲律宾。我国主要分布于东海、南海和台湾海域。

【资源状况】

小型鱼类，为东南沿海常见鱼类，主要以钓钓、定置网或底拖网等捕获。可供食用，但产量不大。

96.尖头金鱼翁 *Cirrhitichthys oxycephalus* (Bleeker, 1855)

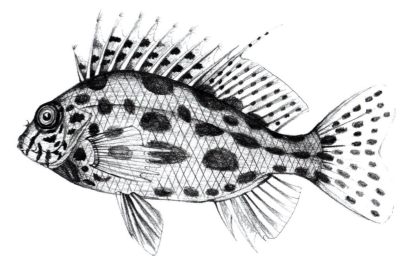

【英文名】coral hawkfish

【别名】短嘴格、格仔

【分类地位】鲈形目Perciformes

鱼翁科Cirrhitidae

【主要形态特征】

背鳍Ⅹ-12；臀鳍Ⅲ-6；胸鳍14；腹鳍Ⅰ-5。侧线鳞41~45。鳃耙3~5+13~16。

体呈长椭圆形，侧扁，背缘弧形隆起较大，腹缘近平直。头较小，前端钝尖，头背部近平直。吻略钝。眼中大，侧上位，近背缘。口小，前位，口裂稍倾斜。上下颌约等长，上颌骨后端伸达或超过眼前缘下方。上下颌具绒毛状细齿，下颌两侧后缘具犬齿；犁骨和腭骨均具齿。前鳃盖骨后缘具强锯齿。鳃盖骨后缘具棘。

体被圆鳞，眼间隔具鳞。侧线完全，侧上位，近平直。

背鳍鳍棘部与鳍条部连续，起点位于胸鳍基上方，鳍棘部鳍膜末端呈簇须状；第一鳍条延长，但不呈丝状。臀鳍与背鳍鳍条部相对。胸鳍下部鳍条长而肥大，不分支，最长鳍条末端仅达肛门。腹鳍小，位于胸鳍基后下方。尾鳍微凹，近截形。

体背呈灰白色至淡褐色，腹部色浅。鳃盖和后头部具许多小于眼径的褐斑，体侧具4纵列红褐色至暗褐色横斑，吻部具1条红褐色点斑状斜带，眼下方具2条红褐色点斑状斜带。各鳍色浅，背鳍和尾鳍具暗褐色斑点。

【近似种】

本种与斑金鱼翁（*C. aprinus*）相似，区别为后者尾鳍无暗褐色斑点，鳃盖上缘具一黑色眼斑。

【生物学特性】

暖水性珊瑚礁鱼类。主要栖息于珊瑚丛生的潟湖、海峡及临海的岩礁区，栖息水深1~40m，通常停栖在硬质或软质珊瑚的上面、里面或下面，伺机捕食猎物。主要以甲壳类或小鱼等为食。繁殖期雄鱼具领域性且好斗。最大全长达10cm。

【地理分布】

分布于印度—太平洋区，西至红海和东非沿岸，东至马克萨斯群岛，北至马里亚纳群岛，南至新喀里多尼亚；东太平洋区加利福尼亚湾至哥伦比亚和加拉帕戈斯群岛也有分布记录。我国主要分布于东海南部、南海和台湾海域。

【资源状况】

小型鱼类，无食用价值。一般以潜水捕获，作为观赏鱼出售，可见于水族馆。

雌鱼

97. 多棘鲤鳎 *Cyprinocirrhites polyactis* (Bleeker, 1874)

【英文名】swallowtail hawkfish

【别名】长鳍鲤鳎、红燕子

【分类地位】鲈形目Perciformes

鳎科Cirrhitidae

【主要形态特征】

背鳍Ⅹ-16~17；臀鳍Ⅲ-6~7；胸鳍14；腹鳍Ⅰ-5。侧线鳞45~49。鳃耙3~4+10~13。

体呈长椭圆形，侧扁，体背于背鳍起点处隆起，腹缘弧形。头较小，头背部于眼上方微凹。吻钝。眼中大，侧上位，近头背缘。口小，前位，斜裂。上下颌齿尖细，呈带状，外行齿呈犬齿状；犁骨和腭骨均具齿。前鳃盖骨后缘具强锯齿。鳃盖骨后缘具棘。

体被圆鳞，眼间隔裸露。侧线完全，侧上位，近平直。

背鳍鳍棘部与鳍条部连续，起点位于胸鳍基上方，鳍棘部鳍膜末端呈簇须状；第一鳍条延长呈丝状。臀鳍与背鳍鳍条部相对。胸鳍下部鳍条长而肥大，不分支，最长鳍条末端伸达臀鳍起点。腹鳍小，位于胸鳍基后下方。尾鳍叉形，上下叶末端延长。

体呈淡黄色至橙红色，腹部色浅。各鳍浅黄色，背鳍鳍棘部外侧色深。

【生物学特性】

暖水性珊瑚礁鱼类。主要栖息于水深10~130m的岩礁陡坡或潮流经过的珊瑚礁上方。主要以小型浮游性甲壳动物等为食。最大全长达15cm。

【地理分布】

分布于印度—西太平洋区，西至东非沿岸，东至汤加，北至日本南部，南至新喀里多尼亚、澳大利亚东南部和新西兰北部。我国主要分布于南海和台湾海域。

【资源状况】

小型鱼类，较罕见，无食用价值。一般以潜水捕获，作为观赏鱼出售，可见于水族馆。

《中国物种红色名录》将其列为易危（VU）等级。

雌鱼

98. 雀斑副鰧 *Paracirrhites forsteri* (Schneider, 1801)

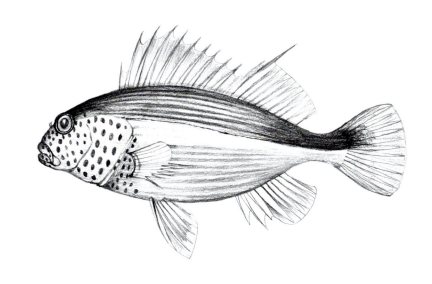

【英文名】swallowtail hawkfish

【别名】福氏副鰧、斑点鹰、海豹格

【分类地位】鲈形目Perciformes

鰧科Cirrhitidae

【主要形态特征】

背鳍Ⅹ-11；臀鳍Ⅲ-6；胸鳍14；腹鳍Ⅰ-5。侧线鳞45~49。鳃耙5~6+11~13。

体呈长椭圆形，侧扁，背缘稍隆起，腹缘弧形。头较小，头背部近平直。吻钝。眼中大，侧上位，近头背缘。口小，前位，斜裂。上下颌齿尖细，呈带状，外行齿呈犬齿状；犁骨具齿，腭骨无齿。前鳃盖骨后缘具强锯齿。鳃盖骨后缘具棘。

体被圆鳞，眼间隔具鳞，吻部无鳞，颊部与鳃盖骨具鳞。侧线完全，侧上位，近平直。

背鳍鳍棘部与鳍条部连续，具缺刻，起点位于胸鳍基上方，鳍棘部鳍膜末端呈单一须状；第一鳍条延长，但不呈丝状。臀鳍与背鳍鳍条部相对。胸鳍下部鳍条长而肥大，不分支，最长鳍条末端仅达腹鳍后缘。腹鳍小，位于胸鳍基后下方。尾鳍后缘弧形。

体色因生长和栖息环境而多变，一般体呈淡红褐色至暗褐色，腹部淡黄色。沿背侧至侧线具一宽纵带，纵带后部色深；沿侧线下方具一黄色宽纵带。头部及体前部散布许多红褐色小斑点。各鳍淡黄色。

【生物学特性】

暖水性珊瑚礁鱼类。主要栖息于水深1~35m的潟湖和面海的岩礁和珊瑚礁区，通常停栖于珊瑚礁上。主要以小鱼和甲壳类等为食。繁殖期雄鱼具领域性且好斗。最大全长达22cm。

【地理分布】

分布于印度—太平洋区，西至东非沿岸，东至夏威夷群岛、莱恩群岛、马克萨斯群岛和迪西岛，北至日本南部，南至新喀里多尼亚和南方群岛。我国主要分布于南海和台湾海域。

【资源状况】

小型鱼类，无食用价值。一般以潜水捕获，作为观赏鱼出售，可见于水族馆。

99. 海鲋 *Ditrema temminckii* Bleeker, 1853

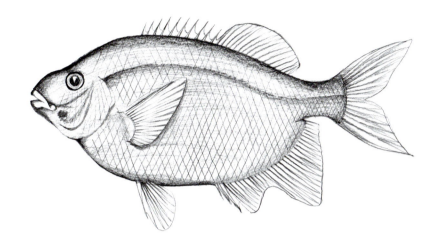

【英文名】sea chub

【别名】海鲫、九九鱼、海刀子、海鳈

【分类地位】鲈形目Perciformes

海鲫科Embiotocidae

【主要形态特征】

背鳍Ⅸ~Ⅺ-19~22；臀鳍Ⅲ-23~28；胸鳍Ⅰ-18~19；腹鳍Ⅰ-5。侧线鳞65~75。鳃耙6~8+14~17。

体呈卵圆形，侧扁，背腹缘均圆钝。头小，前端钝尖，背腹面微凹。吻尖。眼大，侧位。口中大，前位。上颌稍长于下颌，前颌骨能伸出，上颌骨为眶前骨所遮蔽，上颌骨后端伸达眼前缘下方。上下颌齿小，圆锥状，排列稀疏，位于前端；犁骨、腭骨和舌上均无齿。前鳃盖骨边缘光滑。

体被小圆鳞，背鳍鳍棘部基底具发达鳞鞘，向后延伸至鳍条部1/4处，背鳍鳍棘折叠时可完全收于鳞鞘沟内，臀鳍鳍棘部基底亦具小鳞鞘。侧线连续，与背缘平行。

背鳍连续，无缺刻，起点位于胸鳍基部上方稍后。臀鳍发达，第三鳍棘最长。胸鳍宽。腹鳍小，折叠时可收于腹沟内。尾鳍叉形。

体呈银灰色，腹部银白色。眼前至上颌有2条褐色斜带，前鳃盖骨后缘及口角各具一黑斑。背鳍鳍棘部边缘黑色，腹鳍基底具黑点或黑带。

【生物学特性】

暖温性中下层鱼类。主要栖息于沙底质或岩礁区，在马尾藻区也有分布。卵胎生，每胎产12~40尾幼鱼。最大体长达24cm。

【地理分布】

分布于西太平洋区日本、朝鲜和中国。我国主要分布于渤海和黄海海域。

【资源状况】

小型鱼类，可供食用，数量较稀少。

100.库拉索凹牙豆娘鱼 *Amblyglyphidodon curacao* (Bloch, 1787)

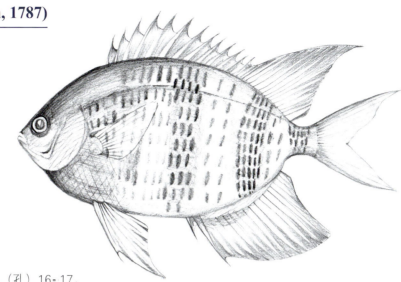

【英文名】staghorn damselfish

【别名】橘钝宽刻齿雀鲷

【分类地位】鲈形目Perciformes

　　　　　雀鲷科Pomacentridae

【主要形态特征】

背鳍XIII -12~13；臀鳍 II -13~15；胸鳍17~18；腹鳍 I -5。侧线鳞（孔）16- 17。

体呈卵圆形，侧扁而高，体长为体高的1.6~1.7倍。头短而高，头背部近平直。吻短，前端略尖。眼中大，侧位而高。口小，前位，斜裂。上颌骨后端不达眼前缘下方。上下颌齿各1行，齿端平扁，具缺刻。眶前骨、眶下骨和前鳃盖骨边缘光滑。

体被中大栉鳞，眶下骨被鳞。侧线不完全。

背鳍连续，鳍条部延长呈尖角状。臀鳍具2鳍棘，鳍条部外形与背鳍鳍条部相似。尾鳍叉形，末端呈尖形，上下叶外侧鳍条不呈丝状延长。

体呈黄绿色至黄褐色。体侧具数条暗色宽横带。胸鳍和腹鳍色浅，其他各鳍边缘色深。

【生物学特性】

暖水性珊瑚礁鱼类。成鱼主要栖息于潟湖、沿岸海湾和外围礁石区，幼鱼常栖息于软珊瑚丛中。杂食性，主要以浮游动物和丝状藻等为食。繁殖期雌雄配对生活，雄鱼具领域性和护卵行为。最大全长达11cm。

【地理分布】

分布于印度—西太平洋区，西至澳大利亚西部罗雷浅滩，东至萨摩亚和汤加，北至琉球群岛，南至大堡礁。我国主要分布于南海和台湾海域。

【资源状况】

小型鱼类，可供食用。可供观赏，可见于大型水族馆。

101. 白背双锯鱼 *Amphiprion sandaracinos* Allen, 1972

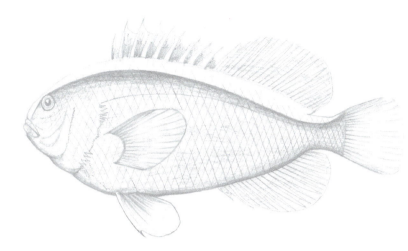

【英文名】yellow clownfish

【别名】背纹双锯鱼、银背小丑

【分类地位】鲈形目Perciformes

　　　　　雀鲷科Pomacentridae

【主要形态特征】

背鳍Ⅸ-16~18；臀鳍Ⅱ-12；胸鳍17~18；腹鳍Ⅰ-5。侧线鳞33~37。

体呈长椭圆形，侧扁，背腹缘凸度相似。头短而高。吻短，前端圆钝。眼中大，侧位而高。口小，前位，口裂斜。上颌骨后端不及眼前缘下方。上下颌齿1行，圆锥状。眶下骨和眶前骨具放射状锯齿，各鳃盖骨后缘均具锯齿。

体被小栉鳞，背鳍前方鳞伸达眼前缘上方，背鳍和臀鳍基底具鳞鞘。侧线不完全，约与背缘平行，止于背鳍最后鳍条稍前下方。

背鳍鳍棘部与鳍条部连续，具缺刻。背鳍鳍条部和臀鳍鳍条部后缘圆突。胸鳍宽圆。腹鳍短于胸鳍。尾鳍后缘圆形。

体呈橘红色。体背自吻端沿背鳍基底延伸至尾柄具一白色纵带。各鳍淡橘色。

【生物学特性】

暖水性珊瑚礁鱼类。主要栖息于潟湖和外围礁石区，栖息水深3~20m，常成对或集成小群游动。喜与紫点海葵（*Heteractis crispa*）和平展列指海葵（*Stichodactyla mertensii*）等海葵共生。杂食性，以藻类和浮游生物等为食。具性逆转特性，雄性先成熟，繁殖期雌雄配对生活，雄鱼具领域性和护卵行为。最大全长达14cm。

【地理分布】

分布于西太平洋区，西至圣诞岛和澳大利亚西部，东至所罗门群岛，北至琉球群岛，南至澳大利亚。我国主要分布于南海和台湾海域。

【资源状况】

小型鱼类，无食用价值。因其艳丽的体色及与海葵共生的习性，是极受欢迎的观赏鱼，偶由潜水捕获，鲜活出售，在水族行业具有较高的商业价值。已实现人工繁殖。

102.圆尾金翅雀鲷 *Chrysiptera cyanea* (Quoy *et* Gaimard, 1825)

【英文名】sapphire devil

【别名】蓝刻齿雀鲷、吻带豆娘鱼、蓝魔

【分类地位】鲈形目Perciformes

雀鲷科Pomacentridae

【主要形态特征】

背鳍Ⅻ-12~13；臀鳍Ⅱ-13~14；胸鳍15~17；腹鳍Ⅰ-5。侧线鳞（孔）16~17。

体呈长椭圆形，侧扁，背腹缘凸度相似。头短小。吻短。眼中大，侧上位。口小，前位，口裂斜。上颌骨后端仅及眼前缘下方。上下颌齿2行，门齿状，内行齿较大。眶前骨和眶下骨边缘光滑。前鳃盖骨后缘光滑。

体被中大栉鳞，眶前骨和眶下骨无鳞，颊部有鳞2行，背鳍和臀鳍基底具鳞鞘。侧线不完全，约与背缘平行，止于背鳍最后鳍条稍前下方。

背鳍鳍棘部与鳍条部连续，具缺刻。背鳍鳍条部和臀鳍鳍条部后缘外廓尖形。胸鳍宽圆。腹鳍第一鳍条呈丝状延长。尾鳍后缘圆形，或为内凹型，上下叶末端呈圆形。

体呈青蓝色，奇鳍边缘黑色，头部具蓝色斜带。体色因生长和性别而异：幼鱼和雌鱼通常在背鳍基底后面有一小黑斑，雄鱼吻部及尾鳍黄色。

【生物学特性】

暖水性珊瑚礁鱼类。主要栖息于水深10m以浅的清澈隐蔽的潟湖碎石堆、珊瑚礁和岩礁平台。常由1尾雄鱼与数尾雌鱼或幼鱼组成鱼群游动。杂食性、主要以藻类、被囊类及桡足类等浮游动物为食。繁殖期雌雄配对生活，雄鱼具领域性和护卵行为。最大全长达8.5cm。

【地理分布】

分布于印度—西太平洋区，西至印度洋东部和澳大利亚西部，东至所罗门群岛，北至琉球群岛，南至澳大利亚。我国主要分布于南海和台湾海域。

【资源状况】

小型鱼类，无食用价值。体色艳丽，是极受欢迎的观赏鱼，偶由潜水捕获，常见于水族馆。

103.副金翅雀鲷 *Chrysiptera parasema* (Fowler, 1918)

【英文名】goldtail demoiselle

【别名】副刻齿雀鲷、半蓝刻齿雀鲷、黄尾蓝魔

【分类地位】鲈形目Perciformes
　　　　　　雀鲷科Pomacentridae

【主要形态特征】

背鳍 XIII -10~12；臀鳍 II -11~12；胸鳍14~15；腹鳍 I -5。侧线鳞（孔）12~14。

体呈长椭圆形，侧扁，背腹缘凸度相似。头短小，头背缘呈长弧形隆起。吻短，吻端钝尖。眼大，侧上位。口小，前位，口裂稍斜。上颌骨后端伸达眼前缘下方。上下颌齿2行，门齿状，顶端稍圆。眶前骨和眶下骨边缘光滑。前鳃盖骨后缘光滑。

体被中大栉鳞，背鳍和臀鳍基底具鳞鞘。侧线不完全，约与背缘平行，止于背鳍最后鳍条稍前下方。

背鳍鳍棘部与鳍条部连续，具缺刻。背鳍和臀鳍鳍棘发达，后缘圆形。胸鳍宽圆。腹鳍第一鳍条呈丝状延长。尾鳍叉形，上下叶末端呈圆形。

体呈蓝色，尾柄及尾鳍黄色。胸鳍基部具一小黑点，尾鳍基部末端具一黑斑。

【生物学特性】

暖水性珊瑚礁鱼类。主要栖息于隐蔽的潟湖和近岸珊瑚礁区，栖息水深1~16m。常集成小群在鹿角珊瑚（*Acropora* spp.）上游动。杂食性，主要以浮游生物为食。繁殖期雌雄配对生活，雄鱼具领域性和护卵行为。最大全长达7cm。

【地理分布】

分布于西太平洋区所罗门群岛、巴布亚新几内亚北部、菲律宾、琉球群岛和中国。我国主要分布于台湾海域。

【资源状况】

小型鱼类，无食用价值。体色艳丽，是较受欢迎的观赏鱼，常见于水族馆。

104.橙黄金翅雀鲷 *Chrysiptera rex* (Snyder, 1909)

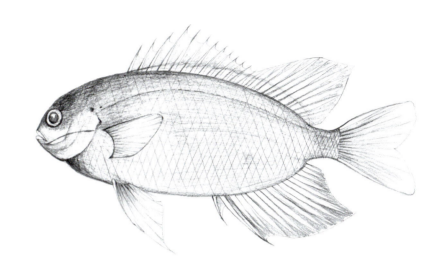

【英文名】king demoiselle

【别名】雷克斯刻齿雀鲷、柠檬雀鲷、蓝头魔

【分类地位】鲈形目Perciformes

　　　　　雀鲷科Pomacentridae

【主要形态特征】

背鳍 XⅢ -13~14；臀鳍 Ⅱ -13~14；胸鳍16~17；腹鳍 Ⅰ -5。侧线鳞（孔）16~17。

体呈长椭圆形，侧扁。头短小。吻短，吻端圆钝。眼中大，侧上位。口小，前位，口裂斜。上颌骨后端仅及眼前缘下方。上下颌齿3行，门齿状。眶前骨和眶下骨边缘光滑。前鳃盖骨后缘光滑。

体被中大栉鳞，眶前骨无鳞，眶下骨具鳞，颊部具鳞，背鳍和臀鳍基底具鳞鞘。侧线不完全，约与背缘平行，止于背鳍最后鳍条稍前下方。

背鳍鳍棘部与鳍条部连续，具缺刻。背鳍鳍条部和臀鳍鳍条部后缘外廓尖形。胸鳍宽圆。尾鳍叉形，上下叶末端呈圆形。

体呈淡黄色，头部和体前部呈蓝色，鳞片均具蓝色亮点，胸鳍基部橙色，鳃盖上部具一小黑斑。

【生物学特性】

暖水性珊瑚礁鱼类。主要栖息于沿岸或近海岩礁、珊瑚礁和面海的斜坡，栖息水深1~20m。主要以藻类为食。繁殖期雌雄配对生活，雄鱼具领域性和护卵行为。最大全长达7cm。

【地理分布】

分布于印度—西太平洋区，西至印度洋东部，东至所罗门群岛，北至琉球群岛，南至大堡礁和新喀里多尼亚。我国主要分布于台湾海域。

【资源状况】

小型鱼类，无食用价值。体色艳丽，是较受欢迎的观赏鱼，常见于水族馆。

105.宅泥鱼 *Dascyllus aruanus* (Linnaeus, 1758)

【英文名】whitetail dascyllus

【别名】三带圆雀鲷、三带宅泥鱼、三间雀

【分类地位】鲈形目Perciformes
　　　　　　雀鲷科Pomacentridae

【主要形态特征】

　　背鳍Ⅻ-11~13；臀鳍Ⅱ-11~13；胸鳍17~19；腹鳍Ⅰ-5。侧线鳞（孔）15~19。

　　体呈卵圆形，侧扁而高。头短而高，头背缘在眼后上方微凹。吻短，前端略圆钝。眼大，侧位略高，眼间隔圆凸。鼻孔1个。口小，前位，口裂斜。上颌骨短，后端伸达眼前缘下方。齿锐尖，呈圆锥状，两颌各具2~3行，呈不规则窄带状排列。眶前骨和眶下骨下缘均具细锯齿。前鳃盖骨边缘及下鳃盖骨后缘均具细锯齿，其他鳃盖各骨边缘光滑。

　　体被中大栉鳞。眶前骨和眶下骨各具1行长形鳞，颊部具鳞4行，鳃盖具鳞3行，背鳍前方鳞伸达吻端。侧线不完全。

　　背鳍连续，具浅凹刻；第四至六鳍棘较长，鳍条部后缘略钝尖。臀鳍第二鳍棘最长，鳍条部后缘略圆。胸鳍约等于头长。腹鳍后端略超过臀鳍起点。尾鳍叉形。

　　体呈白色。体侧具3条黑色横带，分别达下颌、腹鳍和臀鳍，并在背鳍处相连。在吻部与眼间隔间具一白色至褐色大斑。尾鳍白色，腹鳍黑色，胸鳍透明。

【生物学特性】

　　暖水性珊瑚礁鱼类。主要栖息于水深20m以浅的浅水潟湖和岩礁平台，常在鹿角珊瑚（*Acropora* spp.）丛上方集成大群或在独立的珊瑚顶部上方集成小群活动。杂食性，主要以浮游动物、底栖无脊椎动物和藻类等为食。繁殖期雄鱼邀请雌鱼产卵于其所筑巢中，并保护卵直至孵化，此时亲鱼具极强的领域性。最大全长达10cm。

【地理分布】

　　分布于西太平洋区，西至印度尼西亚龙目海峡，东至莱恩群岛、马克萨斯群岛和土阿莫土群岛，北至日本南部，南至新喀里多尼亚。我国主要分布于南海和台湾海域。

【资源状况】

　　小型鱼类，体色艳丽，是受欢迎的观赏鱼，常见于水族馆。已实现人工繁殖。

106. 黑尾宅泥鱼 *Dascyllus melanurus* Bleeker, 1854

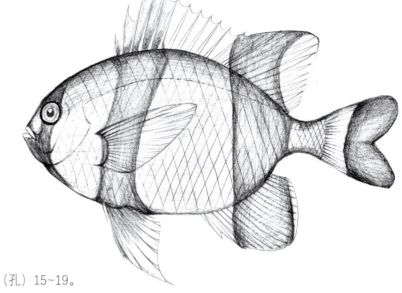

【英文名】blacktail dascyllus

【别名】黑尾圆雀鲷、四间雀

【分类地位】鲈形目Perciformes

　　　　　雀鲷科Pomacentridae

【主要形态特征】

背鳍XII-12~13；臀鳍II-12~13；胸鳍18~19；腹鳍I-5。侧线鳞（孔）15~19。

体呈卵圆形，侧扁而高。头短而高。吻短，前端略圆钝。眼大，侧位略高，眼间隔圆凸。鼻孔1个。口小，前位，口裂斜。上颌骨短，后端伸达眼前缘下方。齿锐尖，呈圆锥状，呈不规则窄带状排列，外行齿渐大。眶前骨和眶下骨下缘均具细锯齿。前鳃盖骨边缘及下鳃盖骨后缘均具细锯齿，其他鳃盖各骨边缘光滑。

体被中大栉鳞，头部除鼻孔外均被鳞。侧线不完全。

背鳍连续，具浅凹刻。背鳍鳍条部和臀鳍鳍条部后缘钝尖。胸鳍宽圆。尾鳍叉形，上下叶末端略呈圆形。

体呈白色，体侧具4条黑色横带：第一条位于头部，第二条和第三条位于体侧并延伸至背鳍、腹鳍和臀鳍，第四条位于尾鳍后部。

【生物学特性】

暖水性珊瑚礁鱼类。主要栖息于有遮蔽的潟湖和海湾，栖息水深1~68m。群游性，常在鹿角珊瑚（*Acropora* spp.）周边的开放水域或小型珊瑚的顶部游动。杂食性，主要以浮游动物和藻类等为食。繁殖期雌雄配对生活，雄鱼具领域性和护卵行为。最大全长达8cm。

【地理分布】

分布于太平洋区，西至苏门答腊，东至瓦努阿图，北至琉球群岛，南至新喀里多尼亚。我国主要分布于南海和台湾海域。

【资源状况】

小型鱼类，体色艳丽，是受欢迎的观赏鱼，常见于水族馆。

107. 网纹宅泥鱼 *Dascyllus reticulatus* (Richardson, 1846)

【英文名】reticulate dascyllus

【别名】网纹圆雀鲷、灰边宅泥鱼、二间雀、两间雀

【分类地位】鲈形目Perciformes

雀鲷科Pomacentridae

【主要形态特征】

背鳍XII-14~16；臀鳍II-12~14；胸鳍19~21；腹鳍I-5。侧线鳞（孔）17~20。

体几呈圆形，侧扁而高，背缘凸度较腹缘大。头短而高。吻短，前端略圆钝。眼大，侧位而高，眼间隔圆凸。鼻孔1个。口小，前位，口裂斜。上颌骨短，后端伸达眼前缘下方或略前。齿锐尖，呈圆锥状，两颌各具3~4行，呈窄带状排列，外行齿较大，后部仅1行。眶前骨和眶下骨下缘均具细锯齿。鳃盖各骨边缘除鳃盖骨外均具细锯齿。

体被中大栉鳞，头部除唇与颏部外均被鳞，背鳍前方鳞伸达吻端。侧线不完全。

背鳍连续，具浅凹刻，第二至第三鳍棘较长。背鳍鳍条部和臀鳍鳍条部后缘略圆。胸鳍宽圆。腹鳍后端伸达臀鳍起点。尾鳍叉形，上下叶钝尖。

体色因栖息环境而多变，一般体呈淡白色，各鳞边缘色深，体侧有2条灰黑色横带：第一条由背鳍前方经胸鳍基底延伸至腹鳍基底；第二条自背鳍鳍棘部末端向下延伸至臀鳍基底，此横带随生长而逐渐模糊直至消失。背鳍鳍棘部外缘、臀鳍和腹鳍黑色。胸鳍透明，基底上缘具一小黑斑。

【生物学特性】

暖水性珊瑚礁鱼类。主要栖息于潟湖外部和临海岩礁区，栖息水深1~50m。常在枝状珊瑚尤其是埃氏杯形珊瑚（*Pocillopora eydouxi*）上集群游动，也常见于淤泥底质海域。繁殖期雄鱼用嘴清理岩石或珊瑚表面筑巢，雌鱼产卵于巢中，雄鱼保护卵直至孵化。最大全长达9cm。

【地理分布】

分布于东印度—西太平洋区，西至科科斯基林群岛，东至萨摩亚和莱恩群岛，北至日本南部，南至罗雷浅滩和豪勋爵岛。我国主要分布于南海和台湾海域。

【资源状况】

小型鱼类，体色艳丽，是受欢迎的观赏鱼，常见于水族馆。已实现人工繁殖。

108.胸斑雀鲷 *Pomacentrus alexanderae* Evermann *et* Seale, 1907

【英文名】Alexander's damsel

【别名】厚壳仔

【分类地位】鲈形目Perciformes

　　　　　雀鲷科Pomacentridae

【主要形态特征】

　　背鳍XIII-13~14；臀鳍II-14~15；胸鳍16~17；腹鳍I-5。侧线鳞（孔）15~17。

　　体呈长椭圆形，侧扁。头短。吻短而圆钝。眼大，侧位而略高。口小，前位。上下颌齿1~2行，侧扁，略呈门齿状。眶前骨和眶下骨间具深缺刻。

　　体被中大栉鳞，鼻部具鳞。侧线不完全。

　　背鳍连续，无缺刻。臀鳍鳍条部和背鳍鳍条部外缘略呈尖形。胸鳍短圆。尾鳍后缘凹入。

　　体呈青灰色，腹部色浅。胸鳍基部具一大黑斑，背鳍鳍棘尖端黑色。

【生物学特性】

　　暖水性珊瑚礁鱼类。主要栖息于潟湖和沿岸珊瑚礁区，栖息水深5~60m。常单独或集群游动。杂食性，主要以藻类、浮游动物和小型腹足类等为食。繁殖期雌雄配对生活，雄鱼具领域性和护卵行为。最大全长达9cm。

【地理分布】

　　分布于西太平洋区，西至印度—马来群岛，东至摩鹿加群岛和明打威群岛，北至琉球群岛和中国台湾，南至澳大利亚北部。我国主要分布于台湾海域。

【资源状况】

　　小型鱼类，无食用价值。体色艳丽，是受欢迎的观赏鱼，偶见于水族馆。

109. 颊鳞雀鲷 *Pomacentrus lepidogenys* Fowler *et* Bean, 1928

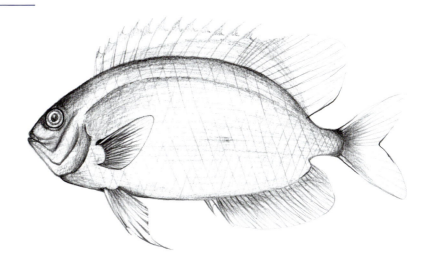

【英文名】scaly damsel

【别名】厚壳仔

【分类地位】鲈形目Perciformes

　　　　　雀鲷科Pomacentridae

【主要形态特征】

　　背鳍 XIII -14~15；臀鳍 II -14~15；胸鳍17~18；腹鳍 I -5。侧线鳞（孔）17~18。

　　体呈长椭圆形，侧扁。头短。吻短而圆钝。眼大，侧位而略高。口小，前位。上下颌齿2行，小而呈圆锥状。眶下骨下缘具细锯齿。前鳃盖骨后缘具锯齿。

　　体被中大栉鳞，鼻部具鳞，眶前骨和眶下骨各被鳞1行。侧线不完全。

　　背鳍连续，无缺刻。臀鳍鳍条部和背鳍鳍条部外缘略呈尖形。胸鳍短圆。尾鳍叉形，上下叶末端呈尖状。

　　体呈灰白色至淡蓝绿色，腹面色浅。背鳍全部黄色或后半部黄色，尾鳍黄色，其余鳍色淡。胸鳍基部上缘具一小黑点。

【生物学特性】

　　暖水性珊瑚礁鱼类。主要栖息于潟湖、水道和外围礁石斜坡区，栖息水深1~12m。常单独或集成小群游动。主要以浮游动物为食。繁殖期雌雄配对生活，雄鱼具领域性和护卵行为。最大体长达9cm。

【地理分布】

　　分布于东印度—西太平洋区，西至安达曼海，东至美拉尼西亚群岛和汤加，北至日本南部，南至澳大利亚。我国主要分布于台湾海域。

【资源状况】

　　小型鱼类，无食用价值。体色艳丽，是受欢迎的观赏鱼，偶见于水族馆。

110. 摩鹿加雀鲷 *Pomacentrus moluccensis* **Bleeker, 1853**

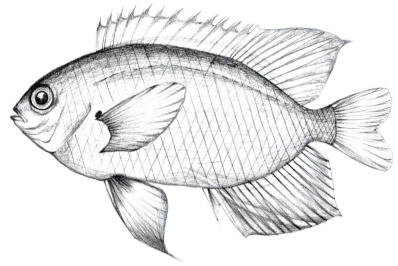

【英文名】lemon damsel

【别名】黄雀鲷、黄魔、厚壳仔

【分类地位】鲈形目Perciformes
　　　　　　雀鲷科Pomacentridae

【主要形态特征】

背鳍 XIII -14~15；臀鳍 II -14~15；胸鳍16~17；腹鳍 I -5。侧线鳞（孔）17~18。

体呈椭圆形，侧扁。头短。吻短而圆钝。眼大，侧位而略高。口小，前位。上下颌齿2行，小而呈圆锥状。眶下骨前端具缺刻。眶下骨下缘具锯齿。前鳃盖骨后缘具锯齿。

体被中大栉鳞，鼻部具鳞，眶下骨裸露。侧线不完全。

背鳍连续，无缺刻。臀鳍鳍条部和背鳍鳍条部外缘略呈尖形。胸鳍短圆。尾鳍叉形，上下叶末端呈尖状。

体一致呈金黄色。鳃盖上缘和胸鳍基部上缘各具一小黑点，不甚明显。

【生物学特性】

暖水性珊瑚礁鱼类。主要栖息于水质清澈的潟湖和面海岩礁区的枝状珊瑚中，栖息水深1~12m。常集成小群游动。杂食性，主要以藻类和浮游性甲壳类等为食。繁殖期雌雄配对生活，雄鱼具领域性和护卵行为。最大全长达9cm。

【地理分布】

分布于东印度—西太平洋区，西至安达曼海和罗雷浅滩，东至斐济，北至琉球群岛，南至豪勋爵岛。我国主要分布于南海和台湾海域。

【资源状况】

小型鱼类，无食用价值。体色艳丽，是受欢迎的观赏鱼，偶见于水族馆。

111.李氏波光鳃鱼 *Pomachromis richardsoni* (Snyder, 1909)

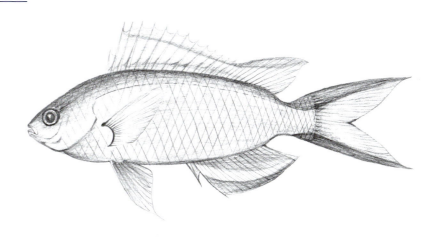

【英文名】Richardson's reef-damsel

【别名】李氏波光鳃雀鲷、黑边波光鳃鱼、黑边豆娘鱼、厚壳仔

【分类地位】鲈形目Perciformes

　　　　　雀鲷科Pomacentridae

【主要形态特征】

　　背鳍XIV-13~14；臀鳍II-11~14；胸鳍17~19；腹鳍I-5。侧线鳞（孔）18~19。

　　体呈长椭圆形，侧扁。头短。吻短而钝尖。眼大，侧位而高。口小，前位，斜裂。上下颌等长，上颌骨后端伸达眼前缘下方。上下颌齿各2行，侧扁，切缘略呈截形，侧齿小而呈圆锥状。眶前骨和眶下骨下缘光滑，前鳃盖骨后缘具细锯齿。

　　体被中大栉鳞，眶前骨和眶下骨裸露。侧线不完全。

　　背鳍连续，无缺刻。臀鳍鳍条部和背鳍鳍条部外缘呈尖形。胸鳍短圆。腹鳍第一鳍条呈丝状延长。尾鳍深叉形，上下叶末端呈尖状。

　　体背呈浅褐色至黄灰色，腹部蓝白色。各鳞边缘色深。背鳍黑褐色，臀鳍边缘黑褐色，胸鳍和腹鳍色浅。尾鳍上下叶边缘具宽黑纵带，上叶黑带向前延伸至尾柄，前端具一白斑。胸鳍基底上端具一小黑斑。

【生物学特性】

　　暖水性珊瑚礁鱼类。主要栖息于岩礁和珊瑚礁区，栖息水深5~25m。常集成松散的鱼群在近底部活动。主要以浮游动物等为食。繁殖期雌雄配对生活，雄鱼具领域性和护卵行为。最大体长达6cm。

【地理分布】

　　广泛分布于印度—西太平洋区。我国主要分布于南海和台湾海域。

【资源状况】

　　小型鱼类，无食用价值。体色艳丽，可作为观赏鱼，偶见于水族馆。

223

112.胸斑眶锯雀鲷 *Stegastes fasciolatus* (Ogilby, 1889)

【英文名】Pacific gregory

【别名】蓝纹高身雀鲷、太平洋真雀鲷、厚壳仔

【分类地位】鲈形目Perciformes
　　　　　　雀鲷科Pomacentridae

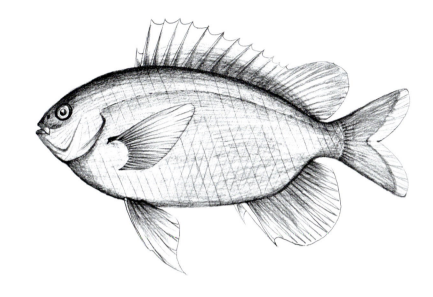

【主要形态特征】

背鳍 XIII -15~17；臀鳍 II -12~14；胸鳍19~21；腹鳍 I -5。侧线鳞（孔）19~21。

体呈卵圆形，侧扁。头短。吻短而圆钝。眼大，侧位而高。口小，前位，斜裂。上下颌齿各1行，小而呈圆锥状。眶下骨下缘具锯齿。前鳃盖骨后缘具锯齿。

体被中大栉鳞，眶下骨裸露。侧线不完全。

背鳍连续，无缺刻。臀鳍鳍条部和背鳍鳍条部外缘呈圆弧形。胸鳍短圆。腹鳍第一鳍条呈丝状延长。尾鳍深叉形，上下叶末端呈尖状。

体色多变，灰白色至黄褐色到黑色。各鳞具暗褐色边缘而形成网状纹。虹膜通常为黄色。眼下至嘴角具一蓝色条纹，或不明显。胸鳍基底上端具一小黑斑。

【生物学特性】

暖水性珊瑚礁鱼类。主要栖息于具中小涌浪的岩礁区和珊瑚礁区，栖息水深1~30m。繁殖期雌雄配对生活，雄鱼具领域性和护卵行为。最大全长达16cm。

【地理分布】

分布于印度—太平洋区，西至东非沿岸，东至夏威夷群岛和复活节岛，北至琉球群岛，南至澳大利亚和新西兰。我国主要分布于台湾海域。

【资源状况】

小型鱼类，无食用价值。体色艳丽，可作为观赏鱼，偶见丁水族馆。

113. 似花普提鱼 *Bodianus anthioides* (Bennett, 1832)

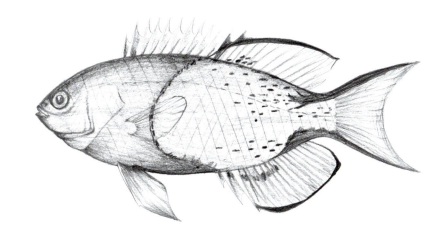

【英文名】lyretail hogfish

【别名】燕尾狐鲷、燕尾鹦哥

【分类地位】鲈形目Perciformes

　　　　　隆头鱼科Labridae

【主要形态特征】

背鳍XII-9~10；臀鳍III-10~12；胸鳍15~17；腹鳍 I -5。侧线鳞31~33。

体呈长椭圆形，背腹缘均圆钝。头中大。吻短而圆钝。眼中大，侧位而高，眼间隔稍凸。口大，前位。上下颌齿各1行，圆锥形，排列紧密；上下颌前方各具2对大犬齿，口角处具向前犬齿1枚。前鳃盖骨边缘具细锯齿。

体被中大圆鳞。背鳍及臀鳍基底具发达鳞鞘。侧线完全。

背鳍连续，无缺刻。背鳍鳍条部和臀鳍鳍条部后缘尖形。胸鳍宽圆。腹鳍尖形。尾鳍深凹形，上下叶延长呈燕尾状。

体前半部呈橙色至暗红色，后半部呈粉红色至白色，散布不规则黑褐色斑点，前后部有黑色斜带分隔。尾鳍上下叶边缘具黑色宽带，延伸至尾柄上下缘。背鳍第一至第二鳍棘鳍膜黑色。各鳍红色，背鳍鳍条部和臀鳍鳍条部边缘黑褐色。

【生物学特性】

暖水性珊瑚礁鱼类。主要栖息于面海的珊瑚礁区，栖息水深6~60m。常单独游动，白天在珊瑚礁区寻找底栖动物为食，夜晚躲藏在岩缝中。繁殖期雌雄配对生活。最大体长达24cm。

【地理分布】

分布于印度—太平洋区，西至红海和东非沿岸，东至莱恩群岛和土阿莫土群岛，北至日本南部，南至新喀里多尼亚和南方群岛。我国主要分布于南海和台湾海域。

【资源状况】

小型鱼类，无食用价值。体色艳丽，可作为观赏鱼，偶见于水族馆。

雄鱼

114. 蓝身丝隆头鱼 *Cirrhilabrus cyanopleura* (Bleeker, 1851)

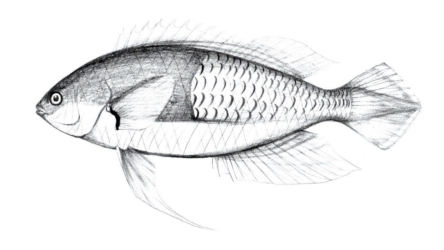

【英文名】lyretail hogfish

【别名】蓝身丝鳍鹦鲷、蓝身丝鳍鲷、蓝侧丝隆头鱼、绿丝隆头鱼、
　　　　蓝身鹦哥、紫头鹦鹉

【分类地位】鲈形目Perciformes
　　　　　　隆头鱼科Labridae

【主要形态特征】

背鳍XI-9；臀鳍III-9~10；胸鳍14~16；腹鳍I-5。侧线鳞21~29。

体呈长椭圆形。头小。吻短，吻端较尖。眼中大，侧上位，眼间隔稍凸。口小，前位，稍倾斜。上下颌齿各1行，尖细而排列紧密；上颌前端有3对犬齿，外侧2对弯向外后方，下颌前端有1对犬齿，较小。前鳃盖骨后缘具细锯齿。

体被大圆鳞，前鳃盖骨具鳞2行，背鳍基部起点前方具鳞6行，背鳍和臀鳍基底具发达鳞鞘，胸鳍基部具一尖形腋鳞，尾鳍基部具3个大鳞片。侧线中断，中断于背鳍鳍条部中段下方。

背鳍连续，无缺刻，鳍条部后部鳍条突出，伸越尾鳍基。臀鳍与背鳍鳍条部同形相对。腹鳍尖，雄鱼第一和第二鳍条延长，第二鳍条延长呈丝状，远超臀鳍起点。雄鱼尾鳍矛形，雌鱼圆形。

体色因性别和生长而差异较大，雄鱼整体呈棕色至蓝色，头部棕色，体前半部蓝色，后半部红褐色，腹面白色，鳞片后缘深蓝色，胸鳍后方具一橙黄色斑块；雌鱼整体偏红色；幼鱼尾柄处具一黑色圆斑。

【生物学特性】

暖水性珊瑚礁鱼类。主要栖息于近海珊瑚礁、潮池、潟湖和外围礁石斜坡区，栖息水深2~30m。常集群在底质上方1~2m处游动。主要以浮游动物为食。最大体长达15cm。

【地理分布】

分布于东印度—西太平洋区，西至安达曼海，东至巴布亚新几内亚，北至日本南部，南至大堡礁，我国主要分布于南海和台湾海域。

【资源状况】

小型鱼类，无食用价值。体色艳丽，常被作为观赏鱼，偶见于水族馆。

115.鳃斑盔鱼 *Coris aygula* **Lacepède, 1801**

【英文名】clown coris

【别名】红喉盔鱼、双印龙

【分类地位】鲈形目Perciformes

隆头鱼科Labridae

【主要形态特征】

背鳍IX-12~13；臀鳍III-12；胸鳍14；腹鳍 I -5。侧线鳞59~67。

体略呈长方形（幼鱼呈长椭圆形），侧扁，额部具一隆起肉突。头中大。吻中长，前端略尖。眼中大，侧上位。口小，前位。上下颌突出。上下颌齿1行，圆锥状，前端各具1对犬齿。前鳃盖骨边缘光滑无锯齿。

体被小圆鳞，头部裸露无鳞。侧线完全，前部与背缘平行，后部在背鳍后部下方急剧向下弯折。

背鳍连续，无缺刻，成鱼第一和第二鳍棘延长。成鱼腹鳍第一鳍条延长呈丝状。幼鱼和雌鱼尾鳍后缘圆弧形；雄鱼尾鳍截形，鳍条延长呈梳状。

体色因性别和成长而异：雄鱼体呈墨绿色，体侧中部具一条色浅的垂直条纹，各鳍具橙色或绿色边缘。雌鱼体前半部呈乳白色，散布褐色斑点，后半部呈褐色，各鳍边缘色浅，背鳍后部具2个黑色大圆斑，背鳍、臀鳍和尾鳍散布黑色小圆斑。幼鱼体呈白色，头部与体前半部散布黑点，背鳍具2个黑色大眼斑，其下体背部具2个橙色大圆斑，背鳍、臀鳍和尾鳍散布黑色小圆斑。

雄鱼

【生物学特性】

暖水性珊瑚礁鱼类。主要栖息于潟湖、面海珊瑚礁和岩礁平台外缘的沙砾底质海域，栖息水深2~30m。成鱼独自游动，幼鱼在浅水潮池中较常见。主要以甲壳类、软体动物和海胆等有硬壳的无脊椎动物为食。繁殖期雌雄配对生活。最大全长达120cm。

【地理分布】

分布于印度—太平洋区，西至红海和东非沿岸，东至莱恩群岛和迪西岛，北至日本南部，南至豪勋爵岛和拉帕群岛。我国主要分布于南海和台湾海域。

【资源状况】

中型鱼类，幼鱼体色艳丽，是极受欢迎的观赏鱼。成鱼可供食用。

116. 金色海猪鱼 *Halichoeres chrysus* Randall, 1981

【英文名】canary wrasse

【别名】黄尾海猪鱼、黄龙

【分类地位】鲈形目Perciformes

隆头鱼科Labridae

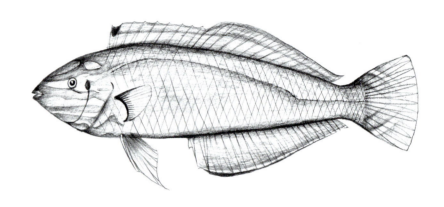

【主要形态特征】

背鳍Ⅸ-12；臀鳍Ⅲ-11~12；胸鳍12~14；腹鳍Ⅰ-5。侧线鳞27~28。

体呈长椭圆形，延长而侧扁。头中大。吻端尖。眼中大，眼间隔突出。口稍大，前位，稍倾斜。唇颇厚，下唇具一向下褶皱。上下颌齿各1行，齿锐尖呈锥形，前端各有1对大犬齿，后部犬齿向前弯曲。前鳃盖骨下缘游离。

体被中大圆鳞，头部除颈部一三角区被鳞外均无鳞，背鳍与臀鳍基底具鳞鞘。侧线完全。

背鳍连续，无缺刻，鳍条部稍高于鳍棘部。臀鳍鳍条部与背鳍鳍条部相似。腹鳍尖长，后端未达肛门。尾鳍后缘圆弧形。

体呈金黄色，头部和胸部橙黄色，眼后具一暗斑，颊部具不规则浅绿色纵纹。雄鱼第一至第二鳍棘间鳍膜有一具白边的黑色眼斑；雌鱼第二至第三鳍棘间鳍膜具一黑色眼斑，背鳍中部具第二个眼斑，而较小的雌鱼和幼鱼在背鳍后部另具第三个眼斑且在尾柄处具一黑斑。

【生物学特性】

暖水性珊瑚礁鱼类。主要栖息于岩礁和珊瑚礁边缘的沙砾底质海域，栖息水深2~70m。成鱼常在独立礁区活动，幼鱼则分布于礁区周边的沙地或沙砾混合区活动。夜晚潜伏于沙中，白天外出觅食，主要以有硬壳的无脊椎动物为食。最大全长达12cm。

【地理分布】

分布于东印度—西太平洋区，西至圣诞岛，东至汤加，北至日本南部，南至澳大利亚新南威尔士。我国主要分布于南海和台湾海域。

【资源状况】

小型鱼类，体色艳丽，是较受欢迎的观赏鱼，偶由潜水捕获，鲜活出售，在水族行业具有较高的商业价值。

雄鱼

117.六带拟唇鱼 *Pseudocheilinus hexataenia* (Bleeker, 1857)

【英文名】sixline wrasse

【别名】拟唇鱼、六带拟鹦鲷、六线龙、六线狐

【分类地位】鲈形目Perciformes

　　　　　隆头鱼科Labridae

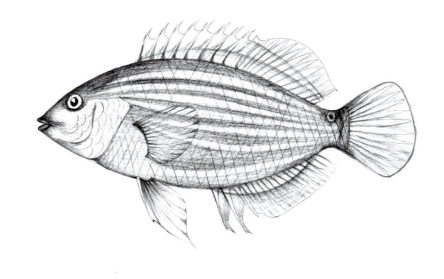

【主要形态特征】

　　背鳍Ⅸ-11~12；臀鳍Ⅲ-9；胸鳍15~17；腹鳍Ⅰ-5。侧线鳞16~18+5~8。

　　体呈卵圆形，延长而侧扁。头中大。吻短而尖。眼大，眼间隔平坦。口小，前位，几呈水平状。唇薄，内侧具褶皱。上下颌齿各1行，齿锐尖呈锥形，上颌前端具3对犬齿，侧面1对长大且弯向外后方，下颌前端具1对小犬齿。前鳃盖骨后下缘具膜瓣，上缘具小锯齿。

　　体被中大圆鳞，背鳍前鳞伸至眼后缘上方，背鳍与臀鳍基底具鳞鞘。侧线中断，中断于背鳍基底后端稍前下方。

　　背鳍连续，无缺刻，鳍膜突出于鳍棘之上。臀鳍鳍条部与背鳍鳍条部相似，第二鳍棘最长。胸鳍圆形。腹鳍短于胸鳍。尾鳍后缘圆弧形。

　　体呈红褐色，体侧上半部连同背鳍基部共具6条橙红色纵带，上方4条延伸至眼后，下方2条仅达胸鳍基部上缘，纵带间为蓝色。眼睛有2条白色平行短线。尾鳍基部上缘具一小于眼径的黑色眼斑，颏部具2个小黑点。尾鳍黄绿色至淡橙色。

【生物学特性】

　　暖水性珊瑚礁鱼类。主要栖息于珊瑚礁区，栖息水深1~35m。常集成小群在珊瑚枝丫间活动。主要以小型甲壳类等为食。最大全长达10cm。

【地理分布】

　　分布于印度—太平洋区，西至红海和东非沿岸，东至土阿莫土群岛，北至琉球群岛，南至豪勋爵岛和南方群岛。我国主要分布于南海和台湾海域。

【资源状况】

　　小型鱼类，体色艳丽，是较受欢迎的观赏鱼，偶由潜水捕获，鲜活出售，在水族行业具有较高的商业价值。

118. 八带拟唇鱼 *Pseudocheilinus octotaenia* Jenkins, 1901

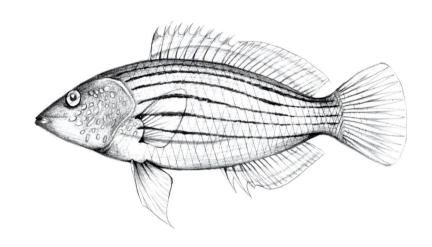

【英文名】eight-lined wrasse

【别名】条纹拟唇鱼、条纹拟鹦鲷、八线龙

【分类地位】鲈形目Perciformes
　　　　　　隆头鱼科Labridae

【主要形态特征】

背鳍IX-11~12；臀鳍III-9~10；胸鳍13~15；腹鳍 I -5。侧线鳞17~18+5~8。

体呈长椭圆形，延长而侧扁。头尖而长，呈尖三角形。吻尖。眼大，眼间隔平坦。口小，前位，几呈水平状。唇薄，内侧具褶皱。上下颌齿各1行，齿锐尖呈锥形，上颌前端具3对犬齿，侧面1对长大且弯向外后方；下颌前端具1对小犬齿。前鳃盖骨后下缘具膜瓣，上缘平滑。

体被中大圆鳞，背鳍与臀鳍基底具鳞鞘。侧线中断。

背鳍连续，无缺刻，鳍膜突出于鳍棘之上。臀鳍鳍条部与背鳍鳍条部相似，第二鳍棘最长。胸鳍圆形。腹鳍短于胸鳍。尾鳍后缘圆弧形。

体呈黄褐色，体侧具8条紫色细纵带，上方3条延伸至头部。头部散布橙黄色斑点，背鳍和臀鳍具紫色与黄色条纹。尾鳍浅黄色，具橙黄色小斑点。

【生物学特性】

暖水性珊瑚礁鱼类。主要栖息于珊瑚丛生的面海礁坡和砾石底质海域，栖息水深2~50m。常隐蔽于洞穴和缝隙中。主要以底栖性甲壳类为食，也摄食小型软体动物和棘皮动物。最大体长达14cm。

【地理分布】

分布于印度—太平洋区，西至东非沿岸，东至夏威夷群岛和迪西岛，北至日本八重山群岛，南至澳大利亚。我国主要分布于南海和台湾海域。

【资源状况】

小型鱼类，体色艳丽，是较受欢迎的观赏鱼，偶由潜水捕获，鲜活出售，在水族行业具有较高的商业价值。

雌鱼

119. 网纹鹦嘴鱼 *Scarus frenatus* Lacepède, 1802

【英文名】bridled parrotfish

【别名】网条鹦嘴鱼、黄鹦嘴鱼、黄鹦哥鱼

【分类地位】鲈形目Perciformes

鹦嘴鱼科Scaridae

【主要形态特征】

背鳍IX-10；臀鳍III-9；胸鳍14~15；腹鳍 I -5。侧线鳞20+5。

体呈长椭圆形，侧扁。头中大，头部轮廓呈平滑弧形。吻较长，前端圆钝。鼻孔2个，后鼻孔并不明显大于前鼻孔。眼小，侧位而高。口小，前位。上下颌齿愈合成齿板，外表面平滑，切缘呈钝锯齿状；上颌在口角处具0~2犬齿。左右上咽骨各具1行扁平齿。唇宽，包被齿板大部分。

体被大圆鳞，背鳍基部起点前方具鳞6~7个，颊部具鳞3行，上行5~6鳞，中行6~7鳞，下行2~4鳞。侧线中断。

背鳍连续，无缺刻。胸鳍宽圆。幼鱼和雌鱼尾鳍后缘截形，雄性成鱼尾鳍凹形，上下叶延长。

体色因性别和生长而异：幼鱼体前半部呈红褐色，后半部浅蓝紫色并散布白色小斑点；背鳍及臀鳍鳍棘膜具白色和红色斑纹，尾鳍鳍膜透明。雌鱼体呈红褐色，尾柄及尾鳍基部黄色，体侧具5~7条黑褐色纵带，唇及各鳍红色；齿板白色。雄鱼体呈绿色，头上半部及体前2/3部具橙色蠕虫状纹，头下半部散布不规则橙红色线纹，尾柄淡绿色，两唇均具橙色斑带；尾鳍蓝绿色，具一橙红色弧纹；齿板蓝色。

【生物学特性】

暖水性珊瑚礁鱼类。主要栖息于水深1~25m裸露的外海岩礁区，幼鱼常出现于潟湖内珊瑚与碎石区。通常独游，摄食时常混入其他鱼群中。主要以底层藻类为食。最大全长达47cm。

【地理分布】

分布于印度—太平洋区，西至红海，东至莱恩群岛和迪西岛，北至日本南部，南至豪勋爵岛和拉帕群岛。我国主要分布于南海和台湾海域。

【资源状况】

中小型鱼类，主要以钩钓、延绳钓或流刺网等捕获。可供食用，体色艳丽，也是水族馆展示的重要种类。

雌鱼

雌鱼

120. 许氏鹦嘴鱼 *Scarus schlegeli* (Bleeker, 1861)

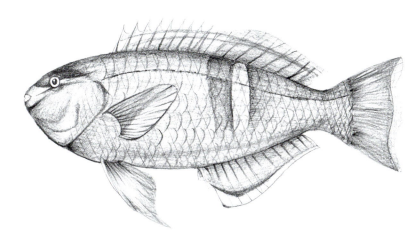

【英文名】green humphead parrotfish

【别名】史氏鹦哥鱼、五带鹦嘴鱼、青衫

【分类地位】鲈形目Perciformes

鹦嘴鱼科Scaridae

【主要形态特征】

背鳍IX-10；臀鳍III-9；胸鳍13~15；腹鳍 I -5。侧线鳞17~19+5~6。

体呈长椭圆形，侧扁。头中大，头部轮廓呈平滑弧形。吻较长，前端圆钝。鼻孔2个，后鼻孔并不明显大于前鼻孔。眼小，侧位而高。口小，前位。上下颌齿愈合成齿板，外表面平滑；上颌在口角处具0~2犬齿。左右上咽骨各具1行臼状齿。唇宽，包被齿板大部分。

体被大圆鳞，背鳍基部起点前方具鳞4个，颊部具鳞2行，上行4~5鳞，下行4~5鳞。侧线中断。

背鳍连续，无缺刻。胸鳍宽圆。幼鱼和雌鱼尾鳍后缘圆形至截形，雄性成鱼尾鳍双凹形，上下叶延长。

体色因性别和生长而异：幼鱼和雌鱼体呈红褐色至棕绿褐色，鳞片边缘橘色至红色，体侧具5条白色弧状横带。雄鱼体呈棕黄色至深蓝绿色，体侧具2条黄绿色横带，前面一条沿体侧上半部向前扩展成宽阔的黄绿色区域；背鳍基底中央具一黄色大斑。

【生物学特性】

暖水性珊瑚礁鱼类。主要栖息于潟湖、面海的珊瑚礁区和岩礁区，栖息水深1~50m。幼鱼和雌鱼主要与其他种类一起群游，在碎石和珊瑚混合区斜坡上觅食，雄鱼则单独游动。主要以底层藻类为食。繁殖期雌雄配对生活，雄鱼具领域性。最大全长达40cm。

【地理分布】

分布于印度—太平洋区，西至红海和东非沿岸，东至萨摩亚群岛和莱恩群岛，北至日本南部，南至大堡礁和新喀里多尼亚。我国主要分布于南海和台湾海域。

【资源状况】

中小型鱼类，主要以钩钓、延绳钓或流刺网等捕获。可供食用，体色艳丽，也是水族馆展示的重要种类。

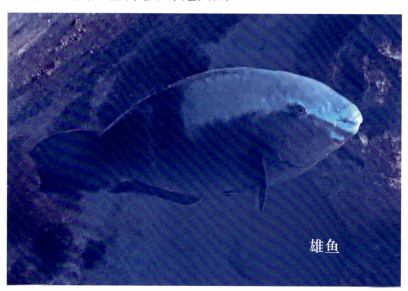

雄鱼

雄鱼

121.暗纹动齿鳚 *Istiblennius edentulus* (Forster *et* Schneider, 1801)

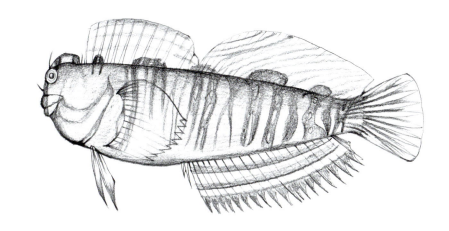

【英文名】rippled rockskipper

【别名】暗纹蛙鳚、暗纹敏鳚、条纹蛙鳚、狗鲦

【分类地位】鲈形目Perciformes

　　　　　鳚科Blenniidae

【主要形态特征】

背鳍XII~ XIII -19~21；臀鳍 II -21~23；胸鳍14；腹鳍 I -3。

体延长，侧扁。头短钝，雄鱼头顶具冠膜。吻短钝，前缘垂直状。口短宽，新月形。下颌短于上颌，上下唇边缘光滑。上下颌各具可动齿1行。鼻须掌状分支，眼上须和颈须单一不分支。

体无鳞。侧线短，止于胸鳍后方，后部有侧线孔，延伸至尾柄末端。

背鳍连续，鳍棘部与鳍条部间具深缺刻，背鳍与尾柄以鳍膜相连。臀鳍鳍棘短小，雄鱼鳍条边缘皮褶发达，臀鳍不与尾柄部相连。胸鳍椭圆形。腹鳍喉位。尾鳍后缘圆弧形。

体呈淡褐色。雄鱼体侧具5~6对深褐色横带，背鳍具3~4行白色斜线纹，臀鳍边缘黑色。雌鱼体侧横带较浅，体后部、背鳍和臀鳍散布黑色小斑点。

【生物学特性】

暖水性岩礁鱼类。主要栖息于水深5m以浅的沿岸潮间带礁石潮沟区，常躲藏于洞穴或缝隙内，受惊时可离水跳跃。主要以丝状藻类、碎屑和小型无脊椎动物等为食。卵生，卵黏沉性。最大全长达16cm。

【地理分布】

分布于印度—太平洋区，西至红海和东非沿岸，东至莱恩群岛、马克萨斯群岛和土阿莫土群岛，北至日本南部，南至豪勋爵岛和拉帕群岛。我国主要分布于南海和台湾海域。

【资源状况】

小型鱼类，无食用价值，仅具学术研究价值，偶见于大型水族馆。

雄鱼

122. 短头跳岩鳚 *Petroscirtes breviceps* (Valenciennes, 1836)

【英文名】striped poison-fang blenny mimic

【别名】纵带跳岩鳚、狗鰶

【分类地位】鲈形目Perciformes
　　　　　　鳚科Blenniidae

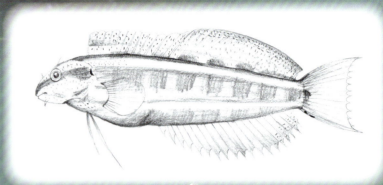

【主要形态特征】

背鳍Ⅹ~Ⅺ-17~21；臀鳍Ⅱ-17~21；胸鳍13~16；腹鳍Ⅰ-3。

体延长，侧扁。头短小。**头上侧感觉孔3个。**吻短钝。眼小。**颏须单一，不分支；**眼上须小，无颈须。口小，前位。上下颌各具1行内弯犬齿，**下颌后端各有一大犬齿，**犬齿前缘无深沟。**鳃孔小，完全位于胸鳍基上方。**

体无鳞。侧线不完全，止于背鳍第十鳍棘下方。

背鳍连续，无缺刻，鳍棘细弱，第一鳍棘短于第二和第四鳍棘。臀鳍始于肛门后方。胸鳍圆形。腹鳍喉位，左右接近。雌鱼尾鳍截形，雄鱼尾鳍后缘浅凹，上下叶延长。

体色因栖息环境而多变，一般呈灰黄色至灰褐色。头部及体侧具小褐斑，体侧另具5~7条不明显的淡褐色横带，**体侧具一黑褐色宽纵带，**纵带上下缘白色，下颌至臀鳍亦具一不明显的淡褐色纵带。背鳍基部具一黑色纵带，臀鳍淡褐色，尾鳍和胸鳍灰白色。

【生物学特性】

　　暖水性岩礁鱼类。主要栖息于水深1~15m的沿岸岩礁区，在马尾藻等海藻丛中的沙底质海域也有分布。主要以藻类和小型甲壳动物等为食。具模拟有毒鱼类黑带稀棘鳚（*Meiacanthus grammistes*）和饰带稀棘鳚（*Meiacanthus vittatus*）的拟态行为，其犬齿发达，受惊吓时具有攻击行为。最大体长达11cm。

【地理分布】

　　分布于印度—西太平洋区，西至红海，东至巴布亚新几内亚，北至日本南部，南至新喀里多尼亚。我国主要分布于南海和台湾海域。

【资源状况】

　　小型鱼类，无食用价值，仅具学术研究价值，偶见于大型水族馆。

123. 云雀短带鳚 *Plagiotremus laudandus* (Whitley, 1961)

【英文名】bicolour fangblenny

【别名】劳旦横口鳚、云雀横口鳚、狗鲦

【分类地位】鲈形目Perciformes

鳚科Blenniidae

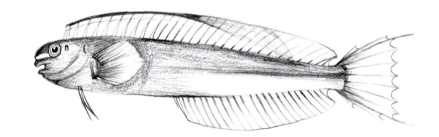

【主要形态特征】

背鳍Ⅶ~Ⅹ-27~30；臀鳍Ⅱ-22~24；胸鳍11~13；腹鳍Ⅰ-3。

体细长，侧扁，呈带状。头短小，头部无须。吻短，圆钝，肉质状圆锥形。口小，下位，位于吻下缘。上下颌齿各1行，上颌齿门齿状，下颌齿平扁，后端具一弯曲大犬齿。鳃孔小，向腹面延伸至胸鳍基中央前缘。

体裸露无鳞。无侧线。

背鳍连续，无缺刻，背鳍始于眼后上方，背鳍和臀鳍后端与尾柄以鳍膜相连。胸鳍圆形。腹鳍喉位。尾鳍深叉形，鳍条延长呈梳状。

体色多变，一般体前半部呈灰蓝色，后半部呈黄色或灰白色。两眼前具一白色连接线。背鳍、臀鳍和尾鳍黄色，背鳍鳍棘部边缘具一黑色纵带。

【生物学特性】

暖水性岩礁鱼类。主要栖息于潟湖和面海的珊瑚礁区，栖息深度1~30m。具模拟有毒鱼类金鳍稀棘鳚（*Meiacanthus atrodorsalis*）的拟态行为，趁其他鱼不注意偷袭，并以其皮肤、鳞片或肌肉等为食。卵生，卵黏沉性。最大全长达8cm。

【地理分布】

分布于西太平洋区，西至菲律宾，东至吉尔伯特群岛、新喀里多尼亚和萨摩亚，北至日本伊豆群岛，南至豪勋爵岛；遍布密克罗尼西亚。我国主要分布于南海和台湾海域。

【资源状况】

小型鱼类，无食用价值，仅具学术研究价值，偶见于大型水族馆。

124.眼斑连鳍䲗 *Synchiropus ocellatus* (Pallas, 1770)

【英文名】ocellated dragonet

【别名】眼斑叉棘䲗、石麒麟

【分类地位】鲈形目Perciformes
　　　　　　䲗科Callionymidae

【主要形态特征】

背鳍Ⅳ，8~10；臀鳍7~9；胸鳍18~23；腹鳍Ⅰ-5。

体延长，头部和体前部稍平扁，尾部呈圆柱状。头短小，平扁。吻短钝。眼大，上位。口小，前下位，稍伸出似喙形。上下颌前端有绒毛状齿带。前鳃盖骨后端有一末端向上弯曲的小棘，背缘具一弯曲棘突。

体无鳞。侧线完全，枕骨区具一横支连接两侧侧线。

背鳍2个，雄鱼第一背鳍高，雌鱼第一背鳍低。臀鳍和背鳍鳍条均分支。臀鳍与第二背鳍相对，几等长。胸鳍圆形。腹鳍胸位，最后鳍条以鳍膜与胸鳍基前方中部相连。尾鳍圆形。

体呈红棕色，体侧具不规则棕色斑块。雄鱼第一背鳍具4个眼斑，另具数条暗色弧纹；雌鱼第一背鳍黑色，边缘白色。第二背鳍具向后斜纹，并散布白斑。雄鱼臀鳍色深，边缘色浅；雌鱼臀鳍具向前斜纹。尾鳍色淡，雄鱼散布暗点，雌鱼排成2横列。

【生物学特性】

暖水性岩礁鱼类。主要栖息于潟湖和面海岩礁区的沙底质海域，在浅水区具掩蔽的岩礁及碎石和海藻丛中也有分布，栖息水深1~30m。常集成松散的小群活动。主要以小型底栖无脊椎动物为食。最大全长达9cm。

【地理分布】

分布于太平洋区日本南部至马克萨斯群岛。我国主要分布于南海和台湾海域。

【资源状况】

小型鱼类，无食用价值。体色艳丽，是受欢迎的观赏鱼，常见于水族馆。

雌鱼

雌鱼

125.珍珠塘鳢 *Giuris margaritaceus* (Valenciennes, 1837)

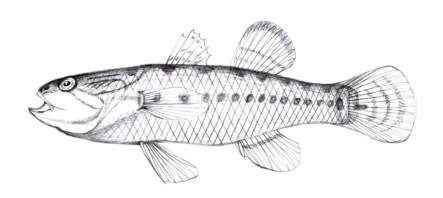

【英文名】snakehead gudgeon

【别名】无孔塘鳢、无孔蛇塘鳢

【分类地位】鲈形目Perciformes

塘鳢科Eleotridae

【主要形态特征】

背鳍Ⅵ，Ⅰ-8；臀鳍Ⅰ-9；胸鳍14~15；腹鳍Ⅰ-5。纵列鳞30~32。

体延长，粗壮，前部近圆筒形，后部侧扁；尾柄较高。头中大，平扁，前部圆钝，后部较高。头部无感觉孔。颊部圆凸，有2纵行感觉乳突线。吻短而圆钝，平扁。眼中大，侧上位。鼻孔2个，前鼻孔具一短管，接近于上唇；后鼻孔小，在眼的前方。口小，前上位，斜裂。下颌长于上颌，上颌骨后端伸达眼前缘下方。上下颌齿细尖，多行，排列呈带状；犁骨和腭骨无齿。唇厚。舌大，游离，前端圆形。鳃孔宽大。前鳃盖骨后缘中部无弯向前下方的小棘。

体被大圆鳞，吻部和头腹面无鳞。无侧线。

背鳍2个，分离，相距较近。臀鳍与第二背鳍同形相对。胸鳍宽圆。腹鳍大，左右腹鳍相互靠近，不愈合成吸盘。尾鳍长圆形。

体呈淡灰色，腹部色浅。头部自眼后至鳃盖骨边缘具3条灰黑色纵斜带。体侧隐具8~10个灰黑色云纹状大斑。胸鳍基中部具1条黑褐色短纵带。

【生物学特性】

降海洄游性鱼类。成鱼主要栖息于水深5m以浅的水草繁茂的河流、沼泽和沿海溪流的淡水浅水区。杂食性，主要以水生昆虫及幼体等为食，也摄食藻类、水生植物和小型甲壳类。成鱼在淡水中产卵，卵黏附于水草上，仔鱼孵化后随流入海，在河口和近海生长，幼鱼再溯河而上进入淡水生活。最大全长达29cm，最大体重达171g。

【地理分布】

分布于印度—西太平洋区，西至马达加斯加，东至新几内亚和美拉尼西亚群岛，北至日本南部，南至澳大利亚。我国主要分布于台湾水域。

【资源状况】

小型鱼类，可供食用。体色艳丽，是受欢迎的观赏鱼，偶见于水族馆。

126.黄体叶虾虎鱼 *Gobiodon okinawae* Sawada, Arai *et* Abe, 1972

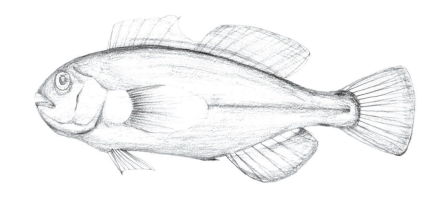

【英文名】Okinawa goby

【别名】冲绳短虾虎、黄蟋蟀

【分类地位】鲈形目Perciformes

　　　　　　虾虎鱼科Gobiidae

【主要形态特征】

背鳍Ⅵ，Ⅰ-10；臀鳍Ⅰ-9；胸鳍16~17；腹鳍Ⅰ-5。

体呈椭圆形，侧扁。头大，短而高，头背缘圆凸。吻短，前端圆钝。眼较人，侧位而高。鼻孔2个，均具短管。口小，前位，口裂略呈水平状。上下颌约等长，上颌骨后端几伸达眼中部下方。上下颌具齿2~3行，尖细，外行齿扩大，下颌缝合部内侧具2对小犬齿。唇发达，较厚。舌窄，前端圆形。

头体裸露无鳞。头部背面及鳃盖部均具若干细小疣状感觉乳突。

背鳍2个，两背鳍基底以鳍膜相连，中间具一凹刻。臀鳍与第二背鳍相对同形。胸鳍宽圆。左右腹鳍愈合成一吸盘，后端不伸达肛门。尾鳍后缘圆形。

头体及各鳍均呈亮黄色，无斑点和条纹。

【生物学特性】

暖水性珊瑚礁鱼类。主要栖息于水深15m以浅的珊瑚礁区，常集成5~15尾的小群在鹿角珊瑚（*Acropora* spp.）的枝丫间或上方盘旋或停歇其上。主要以浮游动物和小型底栖无脊椎动物等为食。最大体长达4cm。

【地理分布】

分布于西太平洋区日本南部至大堡礁。我国主要分布于南海和台湾海域。

【资源状况】

小型鱼类，无食用价值。体色艳丽，是受欢迎的观赏鱼，常见于水族馆。

127.弹涂鱼 *Periophthalmus modestus* Cantor, 1842

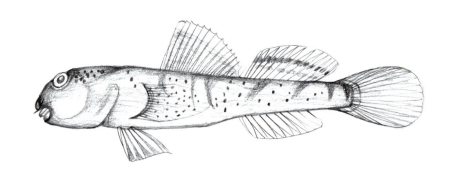

【英文名】shuttles hoppfish

【别名】跳跳鱼

【分类地位】鲈形目Perciformes

虾虎鱼科Gobiidae

【主要形态特征】

背鳍Ⅻ~ⅩⅣ，Ⅰ-12~14；臀鳍Ⅰ-11~13；胸鳍14~15；腹鳍Ⅰ-5。纵列鳞80~95，背鳍前鳞13~16。鳃耙11~14。

体延长，侧扁。头宽大，略侧扁。吻短而圆钝，斜直隆起。吻褶发达，边缘游离，盖于上唇。眼小，背侧位，位于头的前半部，左右靠近，突出于头的背面。鼻孔2个，相距较远，前鼻孔圆形，为一小管，突出于吻褶前缘；后鼻孔小，圆形，位于眼前方。口宽大，亚前位，平裂，上颌稍长，上颌骨后端伸达眼中部下方。上下颌齿各1行，尖锐，直立，前端数齿稍大，下颌缝合处无犬齿；犁骨、腭骨和舌上均无齿。舌宽圆形，不游离。

体和头背区均被小圆鳞。无侧线。

背鳍2个，两背鳍间距约等于眼径，第一背鳍较低，长扇形。臀鳍与第二背鳍同形，臀鳍和第二背鳍最后鳍条平放时不伸达尾鳍基。胸鳍基部肌肉发达，呈臂状肌柄。左右腹鳍愈合成一心形吸盘，后缘凹入。尾鳍圆形。

体呈灰褐色，腹面灰白色。体侧具4条模糊且斜向前的灰黑色斜带。第一背鳍边缘灰白色，第二背鳍中部具一黑色纵带。

【生物学特性】

暖温性近岸底层鱼类。栖息于沿岸淤泥或泥沙底质的潮间带高潮区或河口、港湾和红树林湿地的咸淡水水域，穴居。靠胸鳍肌柄和尾部在滩涂上爬行、跳跃和觅食。杂食性，主要以浮游生物、昆虫或其他无脊椎动物等为食，也摄食底栖藻类。最大体长达13cm。

【地理分布】

分布于西北太平洋区朝鲜半岛和日本南部向南至越南。我国沿海均有分布。

【资源状况】

小型鱼类，肉味美，供食用，营养价值高。沿海群众常用竹筒或竹笼插入滩涂诱捕，或用铁铲挖穴捕捉。

128.蛇首高鳍虾虎鱼 *Pterogobius elapoides* (Günther, 1872)

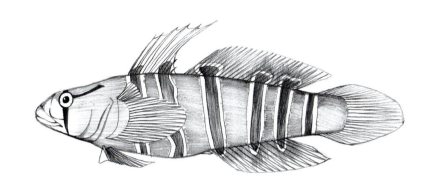

【英文名】serpentine goby

【别名】翼鲨

【分类地位】鲈形目Perciformes
虾虎鱼科Gobiidae

【主要形态特征】

背鳍Ⅷ，Ⅰ-21~22；臀鳍Ⅰ-20；胸鳍24；腹鳍Ⅰ-5。纵列鳞85。

体延长，前部呈圆筒形，后部侧扁。头中大，圆钝，颊部突出。吻稍宽长，圆钝。眼中大，背侧位，眼上缘突出于头背缘。口中大，前位，斜裂。上下颌约等长，上颌骨后端伸达眼前缘下方。上下颌各具齿3行，尖细，无犬齿，排列呈带状，外行齿扩大。唇肥厚，发达。舌游离，前端内凹。

体被小栉鳞，头部仅鳃盖上方部分及眼后项部被鳞，项部鳞向前延伸至眼后方。无侧线。

背鳍2个，分离，第一背鳍高，基部短。臀鳍与第二背鳍相对同形。胸鳍宽圆。左右腹鳍愈合成一长吸盘。尾鳍长圆形。

体呈淡黄色至浅棕色，体侧具6条镶黄边的黑色横带，横带可伸入背鳍和臀鳍。项部中央至眼后具一黑色斜带，眼间隔有一穿越眼下方达头腹面的黑色横纹。

【生物学特性】

暖温性岩礁鱼类。主要栖息于近岸岩礁区海域。主要以底栖无脊椎动物为食。最大体长达12cm。

【地理分布】

分布于西北太平洋区日本中部和朝鲜半岛南部至中国南海。我国主要分布于黄海、东海和南海海域。

【资源状况】

小型鱼类，无食用价值。体色艳丽，是受欢迎的观赏鱼，偶见于水族馆。

雌鱼

129．兔头瓢鳍虾虎鱼 *Sicyopterus lagocephalus* (Pallas, 1770)

【英文名】red-tailed goby

【别名】宽颊瓢鳍虾虎鱼、宽颊秃头鲨、大鳞秃头鲨

【分类地位】鲈形目Perciformes

　　　　　　虾虎鱼科Gobiidae

【主要形态特征】

背鳍Ⅵ，Ⅰ-11；臀鳍Ⅰ-10；胸鳍17~20；腹鳍Ⅰ-5。纵列鳞51~54。

体延长，前部呈圆筒形，后部较侧扁。头中大，圆钝。吻宽，吻端圆钝，前突，具吻褶，几包住上唇。眼较小，上侧位，眼上缘突出于头背缘。口中大，下位，呈马蹄形。上颌长于下颌，上颌骨后端伸达眼前缘下方稍后处。上下颌齿多行，尖细，排列稀疏呈带状，外行齿稍扩大；下颌具1列直立的弯曲大型锥形齿，下唇前缘具1列水平排列的唇齿。上唇肥厚且较下唇突出。舌游离，前端圆形。

体被细小栉鳞，头的吻部、颊部和鳃盖部无鳞，胸部、胸鳍基部和腹部均无鳞；背鳍前鳞向前延伸至鳃盖骨中部上方。无侧线。

背鳍2个，分离，第一背鳍高，基部短，第三鳍棘最长，平放时伸越第二背鳍起点，雄鱼鳍棘较为延长。臀鳍与第二背鳍相对同形。胸鳍宽圆。左右腹鳍愈合成一大型吸盘。尾鳍长圆形。

体呈褐色或青褐色，雄鱼具蓝黑金属光泽，体背侧有7~8个黑色斑块，体侧具6~7个云状黑斑，眼部下方具一黑褐色横纹，鳃盖上方有2条黑褐色短纵纹。雄鱼背鳍灰黑色，雌鱼淡黄色，第二背鳍有2~4列黑色斑点。尾鳍近边缘具马蹄形黑色环带，雄鱼尾鳍金黄色，雌鱼浅黄色。雄鱼臀鳍灰黑色，雌鱼浅黄色，外缘具黑色线纹。胸鳍、腹鳍均为浅黄色。

【生物学特性】

降海洄游性鱼类。成鱼主要栖息于清澈而湍急的溪流中，多在砾石与细沙混合底质水域。摄食岩石表面附生的藻类，也摄食浮游生物及水生昆虫等。成鱼在淡水中产卵，产卵场底质为沙砾，卵沉性，具黏性，仔鱼孵化后随流入海，1个月后幼鱼再溯河而上。最大全长达13cm。

【地理分布】

分布于印度—太平洋区，西至东非沿岸的科摩罗群岛，东至法属波利尼西亚的南方群岛，北至日本南部，南至新喀里多尼亚和瓦努阿图。我国主要分布于台湾水域。

【资源状况】

小型鱼类，无食用价值。体色艳丽，是受欢迎的观赏鱼，偶见于水族馆。由于洄游通道阻塞、栖息地破坏和过度采捕等原因，物种生存受到极大威胁。

雌鱼

130. 黑紫枝牙虾虎鱼 *Stiphodon atropurpureus* (Herre, 1927)

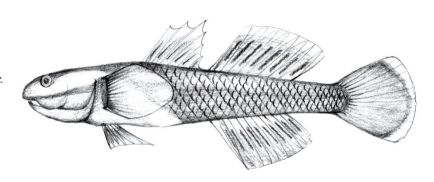

【英文名】blue neon goby

【别名】紫身枝牙虾虎鱼、双带秃头鲨、电光虾虎、甘仔鱼、狗甘仔

【分类地位】鲈形目Perciformes
　　　　　　虾虎鱼科Gobiidae

【主要形态特征】

背鳍Ⅵ，Ⅰ-9；臀鳍Ⅰ-10；胸鳍14~16；腹鳍Ⅰ-5。纵列鳞33~36。

体延长，前部呈亚圆筒形，后部侧扁。头略小，圆钝，颊部突出。吻圆钝，前突，具吻褶，包住上唇。眼大，背侧位，眼上缘突出于头背缘。口小，下位。上颌长于下颌，上颌骨后端伸达眼中部下方。上颌具1行细齿，齿端呈三叉形；下颌前方具数个小犬齿；下唇与下颌间有1行平卧弧形排列的梳状唇齿。唇厚，上唇颇发达，下唇稍薄。舌不游离，前端浅弧形。

体被较大栉鳞，吻部、颊部、鳃盖部、胸鳍基部及头的腹面无鳞。背鳍前鳞向前延伸至眼间隔。无侧线。

背鳍2个，分离，第一背鳍高，基部短，第三和第四鳍棘较长，平放时不达第二背鳍起点。臀鳍与第二背鳍相对同形。胸鳍尖长。左右腹鳍愈合成一吸盘。尾鳍长圆形。

雄鱼体呈青黑色，体侧上部自吻端至尾鳍基部具一青色纵带；体背侧鳞片外缘黑色，形成网状格纹，内部呈金黄色；各鳍青黑色，背鳍及尾鳍具深黑色点纹。雌鱼体呈米黄色，体侧自吻端至尾鳍基部具2条黑褐色纵带；尾鳍基部具一黑斑，背鳍、尾鳍及臀鳍散布许多小黑点。

【生物学特性】

降海洄游性鱼类。成鱼主要栖息于清澈而湍急的溪流中。主要以岩石表面附生的藻类和生物膜等为食。成鱼在淡水中产卵，仔鱼孵化后随流入海发育，幼鱼再溯河而上。最大全长达5cm。

【地理分布】

分布于西太平洋区中国、日本、马来西亚、菲律宾的热带和亚热带海域。我国主要分布于南海和台湾水域。

【资源状况】

小型鱼类，无食用价值。体色艳丽，是受欢迎的观赏鱼，偶见于水族馆。洄游通道阻塞、栖息地破坏和过度采捕等原因对该物种生存造成极大威胁。

雄鱼

雌鱼

131. 尾斑磨塘鳢 *Trimma caudipunctatum* Suzuki *et* Senou, 2009

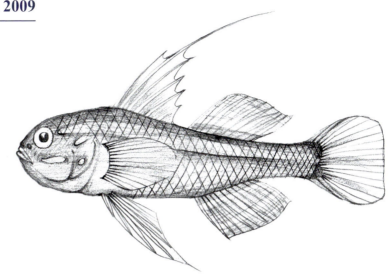

【英文名】spot-tailed pygmygoby

【别名】底斑磨塘鳢、蓝纹洞穴虾虎

【分类地位】鲈形目Perciformes

虾虎鱼科Gobiidae

【主要形态特征】

背鳍VI，I -8；臀鳍 I -8；胸鳍14~15；腹鳍 I -5。纵列鳞23~24。

体延长，侧扁，稍粗壮。头较大，颊部稍容突出。吻短，前端钝尖。眼大，近背侧位，眼间隔宽，中央隆起，两侧具沟。口小，斜裂。上下颌约等长。上下颌齿多行，外行齿扩大，内行齿小圆锥状。舌端截形或圆形。鳃孔颇宽。

体被较大栉鳞，颊部及鳃盖均被鳞，背鳍前鳞10~13，向前延伸至瞳孔中部上方。无侧线。

背鳍2个，分离，第一背鳍第二鳍棘延长呈丝状，平放时超过第二背鳍末端（雄鱼）或第二背鳍中部（雌鱼）。臀鳍与第二背鳍相对同形，后缘尖形。胸鳍宽圆。腹鳍基部分离，狭长，后端伸达臀鳍第四鳍条下方。尾鳍后缘截形。

体呈红黄色，头腹面及腹部呈白色。自眼上部至尾鳍基部具一淡紫色或蓝色宽纵带，眼下方颊部具一蓝色纵带，尾鳍基部具深棕色大斑。

【近似种】

本种常被误鉴为底斑磨塘鳢（*T. tevegae*），区别为后者第一背鳍第二鳍棘最多伸达第二背鳍第三鳍条下方，颊部无纵带。

【生物学特性】

暖水性岩礁鱼类。主要栖息于沿岸至外海的岩礁区，常在岩礁陡坡的洞穴中集成松散的小群，以头部朝上的姿势悬停在水中。主要以桡足类等浮游动物为食。最大全长达5cm。

【地理分布】

分布于西太平洋区自日本南部向东南至所罗门群岛。我国主要分布于台湾海域。

【资源状况】

小型鱼类，无食用价值。体色艳丽，是受欢迎的观赏鱼，偶见于水族馆。

132. 白颊刺尾鱼 *Acanthurus leucopareius* (Jenkins, 1903)

【英文名】whitebar surgeonfish

【别名】白斑刺尾鲷、白颊吊、粉蓝倒吊

【分类地位】鲈形目Perciformes

刺尾鱼科Acanthuridae

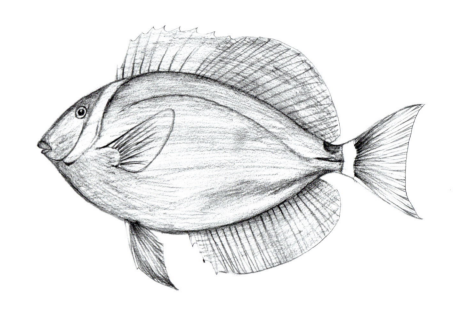

【主要形态特征】

背鳍IX-25~27；臀鳍III-23~25；胸鳍16~17；腹鳍 I -5。

体呈卵圆形，侧扁而高。尾柄两侧各具一平卧于沟中的向前尖棘，略可竖起。头小，头背缘不特别突出。吻短，前端尖。眼较小，侧位而高。口小，前位。上下颌各具1行扁平齿，齿固定不可动，齿缘具缺刻。

体被细小弱栉鳞。侧线完全。

背鳍连续，无缺刻，具9鳍棘，鳍棘细弱。臀鳍具3鳍棘，鳍条部与背鳍鳍条部同形。胸鳍近三角形。腹鳍尖形。尾鳍近截形或微凹。

体呈黄褐色至褐色，眼后头部自背鳍起点至鳃盖下缘具一暗褐色边缘的白色宽斜带，尾鳍基部具白色横带。

【生物学特性】

暖水性岩礁鱼类。主要栖息于珊瑚礁和岩礁的涌浪区，栖息水深1~85m。常集群活动。主要以丝状藻为食。最大全长达25cm。

【地理分布】

分布于中西太平洋区亚热带海域，为反赤道分布。我国主要分布于台湾海域。

【资源状况】

小型鱼类，可供食用，常以流刺网、延绳钓等捕获。体色艳丽，以作观赏鱼为主。

133.黄鳍金枪鱼 *Thunnus albacares* (Bonnaterre, 1788)

【英文名】yellowfin tuna

【别名】黄鳍鲔、黄鳞甘

【分类地位】鲈形目Perciformes
鲭科Scombridae

【主要形态特征】

背鳍 XIII ~ XIV，12~15+8~10；臀鳍11~16+7~10；胸鳍30~36；腹鳍 I-5。鳃耙26~34。

体呈纺锤形，粗壮，横截面近圆形；尾柄细，平扁，**尾柄两侧各具1条发达的中央隆起嵴，尾鳍基各具2条小的侧隆起嵴**。头中大，锥形。吻尖圆。眼小，近头背缘。口中大，前位，斜裂。上下颌各具细小尖齿1行；**犁骨、腭骨齿细小**；舌上无齿，具2个叶状皮瓣。

全体均被鳞，头部无鳞，胸部鳞片特大，形成胸甲。侧线完全，微波状。

背鳍2个，相距较近；第一背鳍边缘略呈斜直形，第二背鳍延长呈镰形，**其后有8~10个离鳍**。臀鳍与第二背鳍相对同形，**其后有7~10个离鳍。胸鳍长**，幼鱼时伸达第二背鳍基底中部下方，成鱼则**延伸至第二背鳍起点下方**。腹鳍胸位。尾鳍新月形。

体背呈蓝黑色，腹部银白色，幼鱼体侧具银白色点及横带。**第二背鳍、臀鳍及离鳍均为黄色**，余鳍灰色或灰黑色。

【生物学特性】

暖水性大洋中上层洄游鱼类。主要栖息于跃温层上下，常出现于水温18~31℃的开放水域，因水团温度改变而有垂直迁移的现象，栖息水深1~250m。肉食性，主要以鱼类、甲壳类和头足类等为食。常见个体叉长150cm左右，最大叉长达239cm，最大体重达200kg。

【地理分布】

广泛分布于世界热带和亚热带（59°N—48°S）海域。我国主要分布于南海和台湾海域。

【资源状况】

大型鱼类，为远洋渔业的主要捕捞对象，年产量可达50×10⁴t。主要以延绳钓、围网和流刺网捕获。肉味鲜美，可作生鱼片或制罐头，是重要的食用鱼类，具有极高的经济价值。

IUCN红色名录将其评估为近危（NT）等级。

134.东方金枪鱼 *Thunnus orientalis* (Temminck *et* Schlegel, 1844)

【英文名】Pacific bluefin tuna

【别名】太平洋黑鲔、金枪鱼、黑鲔

【分类地位】鲈形目Perciformes

鲭科Scombridae

【主要形态特征】

背鳍 XIII～XV，13～15+8～10；臀鳍13～15+8～10；胸鳍31～38；腹鳍 I-5。**鳃耙36～39。**

体呈纺锤形，粗壮，横截面近圆形；尾柄细，平扁，**尾柄两侧各具1条发达的中央隆起嵴，尾鳍基两侧各具2条小的侧隆起嵴。**头中大，锥形。吻尖圆。眼小，近头背缘。口中大，前位，斜裂。上下颌各具细小尖齿1行；**犁骨、腭骨齿细小；**舌上无齿，具2个叶状皮瓣。

全体均被鳞，头部无鳞，胸部鳞片特大，形成胸甲。侧线完全，微波状。

背鳍2个，相距较近；第一背鳍边缘略呈斜直形，第二背鳍延长呈镰形，**其后有8～10个离鳍。**臀鳍与第二背鳍相对同形，**其后有8～10个离鳍。胸鳍短，不达第二背鳍起点。**腹鳍胸位。尾鳍新月形。

体背呈蓝黑色，腹部银白色，幼鱼体侧具10～20条银白色横带。第一背鳍黄色或蓝色，第二背鳍、臀鳍均为淡黄色，**离鳍黄色，边缘黑色。**

【生物学特性】

　　大洋表层洄游鱼类。具有季节性迁移至近海的习性，产卵场位于日本九州岛南部、日本海及琉球群岛经中国台湾东部至菲律宾东北海域。主要以鱼类为食，也摄食甲壳类和头足类。常见个体叉长200cm左右，最大叉长达300cm，最大体重达450kg。

【地理分布】

　　分布于北太平洋区。东北太平洋由阿拉斯加湾至下加利福尼亚，西北太平洋自鄂霍次克海南部的萨哈林岛向南到菲律宾北部；春季和初夏可进入南太平洋新西兰海域。我国主要分布于东海、南海和台湾海域。

【资源状况】

　　大型鱼类，为北太平洋热带及温带海域重要的捕捞对象，主要以延绳钓等捕获。肉味鲜美，可作生鱼片或制罐，是重要的食用鱼类，具有极高的经济价值。

　　IUCN红色名录将其评估为易危（VU）等级。

269

135.高菱鲷 *Antigonia capros* Lowe, 1843

【英文名】deepbody boarfish

【别名】菱鲷、红皮刀

【分类地位】鲈形目Perciformes
羊鲂科Caproidae

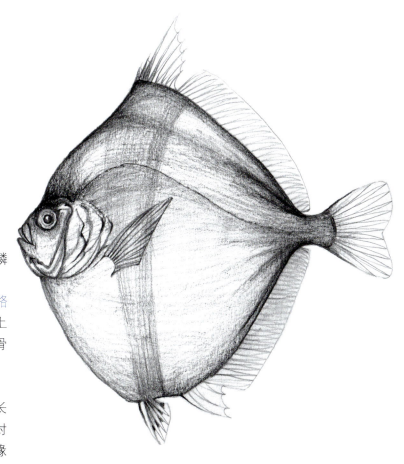

【主要形态特征】

背鳍Ⅷ~Ⅸ-33~38；臀鳍Ⅲ-30~35；胸鳍13~14；腹鳍Ⅰ-5。侧线鳞56~57。

体呈菱形，侧扁而高，体高大于或等于体长。头背缘在眼上方略凹。吻短。眼大，侧上位。口小，上位，口裂近垂直。上颌可伸缩。上下颌具圆锥状细齿1行，犁骨、腭骨无齿。前鳃盖骨边缘具锯齿，鳃盖骨边缘光滑。

体被小栉鳞，背鳍和臀鳍鳍膜约1/3被鳞。侧线完全，位高。

背鳍连续，具深缺刻，背鳍起点处最高，第三鳍棘最长，约为体长1/4。臀鳍起点后于背鳍起点，第一鳍棘最长，鳍棘部与背鳍鳍条部相对同形。胸鳍镰形，侧中位。腹鳍起点与背鳍起点相对，鳍棘发达，前缘具多行小棘，鳍条上亦具小棘。尾鳍截形而微凹。

体呈淡橙红色，体侧自背鳍鳍棘部至腹鳍具一红色横带。头部经眼及尾柄处亦各具一红色横带。

【近似种】

本种与绯菱鲷（*A. rubicunda*）相似，区别为后者体高小于体长，背鳍鳍条26~30。

【生物学特性】

暖水性底层鱼类。成鱼主要栖息于底层，而幼鱼出现于水中层，栖息水深50~900m。主要以小型软体动物和甲壳类等为食。最大全长达31cm。

【地理分布】

广泛分布于世界热带和亚热带（44°N—51°S）海域。我国主要分布于东海、南海和台湾海域。

【资源状况】

小型鱼类，偶由底拖网捕获，数量稀少。无食用价值，仅具学术研究价值，偶见于大型水族馆。

136.双棘三刺鲀 *Triacanthus biaculeatus* (Bloch, 1786)

【英文名】short-nosed tripodfish

【别名】三刺鲀、短吻三刺鲀、三棘鲀、双棘三棘鲀、三角钉、迪婆、刺迪

【分类地位】鲀形目Tetraodontiformes
　　　　　　三刺鲀科Triacanthidae

【主要形态特征】

背鳍IV~V，22~25；臀鳍18~21；胸鳍14~16。腹鳍 I 。

体呈长椭圆形，侧扁；尾柄细长，尾鳍基前缘背腹面各具一凹陷。头侧扁，侧视近三角形。吻短钝，吻背部在眼前方稍突起。眼小，上侧位，眼间隔稍突起，中央具一隆起嵴。口小，前位。上下颌齿各2行，外行齿8~10，楔状；内行齿2~4，粒状。唇肥厚。鳃孔小，近似直立短缝状。

头体被粗糙小鳞，鳞面具近十字形低嵴棱，棱上有许多绒状小刺。侧线明显，前部上侧位，向后延伸至第二背鳍下方开始向下弯曲，尾柄部为中侧位。

背鳍2个，分离，第一背鳍起点在胸鳍基底上方，第一鳍棘粗大，长大于吻长，第二鳍棘长不及第一鳍棘的1/2。臀鳍基底长大于第二背鳍基底长的1/2。胸鳍下侧位，短圆形。腹鳍各由一粗大鳍棘组成，胸位。腰带骨宽，末端圆钝，前段宽与后段宽约相等。尾鳍深叉形。

体背呈浅灰色，腹部银白色。第一背鳍鳍膜黑色，其基底下方的体背部具一黑斑。胸鳍基底上端常有一黑色腋斑，其余各鳍黄色。

【生物学特性】

暖水性近海底层鱼类。主要栖息于水深60m以浅的沿岸近海沙或泥底质海域或河口。主要以甲壳类和贝类等底栖无脊椎动物为食。最大体长达30cm。

【地理分布】

分布于印度—西太平洋区，西至波斯湾，东至新几内亚，北至日本南部，南至澳大利亚东部。我国沿海均有分布。

【资源状况】

小型鱼类，主要以底拖网等捕获，沿海有一定产量，福建沿海在3—5月间常可捕到产卵亲鱼。肝大味美，可鲜食或腌制。

137.白线鬃尾鲀 *Acreichthys tomentosus* (Linnaeus, 1758)

【英文名】matted leatherjacket

【别名】白带拟前角鲀、白线鬃毛鲀、茸鳞单棘鲀、剥皮鱼

【分类地位】鲀形目Tetraodontiformes

　　　　　单角鲀科Monacanthidae

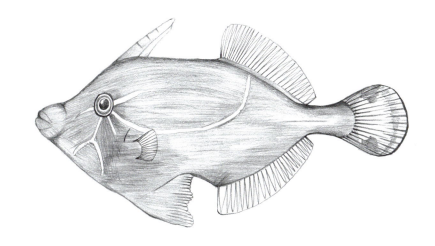

【主要形态特征】

　　背鳍Ⅱ，27~30；臀鳍26~29；胸鳍9~12。

　　体呈长椭圆形，侧扁，体长为体高的2倍；尾柄短而高。头中大，头背部凹入。吻长。眼小，侧上位。口小，前位。上下颌齿2行，外行齿楔形，内行齿凹刻状。鳃孔小，侧位，稍倾斜。

　　鳞小，长形，鳞面具倒向后方的小棘，雄鱼尾柄小棘显著，呈带状排列。

　　背鳍2个，分离；第一背鳍具2鳍棘，第一鳍棘位于眼后部上方，与鳃孔处于同一垂线上，粗壮且棘侧各具1列强棘；第二鳍棘细弱，可纳入背缘鳍沟内；第二背鳍低长。臀鳍与第二背鳍同形相对。胸鳍短圆。腹鳍合为一短棘，由3对特化鳞组成，连于腰带骨后端，可活动，上有许多强棘。尾鳍圆截形。

　　体色因栖息环境而多变，体呈黄绿色至灰绿色，头部及体侧散布白色线纹，眼周围有放射状排列的白色线纹，体侧有1条弯向第二背鳍的白色线纹。尾鳍上下叶各有一黑斑。

【生物学特性】

　　暖水性珊瑚礁鱼类。主要栖息于水深2~15m的浅水珊瑚礁区，常发现于海草床。主要以软体动物、多毛类和小型甲壳类等为食。最大体长达14cm。

【地理分布】

　　分布于印度—西太平洋区，西至非洲东岸，东至斐济和汤加，北至琉球群岛，南至澳大利亚新南威尔士。我国主要分布于南海和台湾海域。

【资源状况】

　　小型鱼类，无食用价值。体色艳丽，是较受欢迎的观赏鱼，偶见于水族馆。

138.尖吻单棘鲀 *Oxymonacanthus longirostris* (Bloch *et* Schneider, 1801)

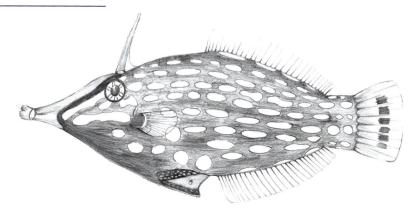

【英文名】harlequin filefish

【别名】尖吻鲀、玉米炮弹、尖嘴炮弹

【分类地位】鲀形目Tetraodontiformes

　　　　　单角鲀科Monacanthidae

【主要形态特征】

　　背鳍Ⅱ，31~35；臀鳍29~32；胸鳍11~13。

　　体呈长椭圆形，侧扁，略呈叶状，背腹缘浅弧形；尾柄短而高。头中大。吻部尖长且延伸呈管状。眼中大，侧位，眼间隔隆起。口很小，位于管状吻端前上方。上下颌齿尖长，上颌齿2行，下颌齿1行。唇较薄。鳃孔小，位于眼后缘的后下方、胸鳍基底的背前方。

　　鳞细小粗糙，鳞面具倒向后方的小棘，尾柄后端鳞几呈刚毛状。

　　背鳍2个，分离；第一背鳍具2鳍棘，第一鳍棘位于眼中央上方，棘四周具细粒状棘突，后缘棘突呈倒钩状；第二鳍棘细弱，可纳入背缘鳍沟内；第二背鳍低长。臀鳍与第二背鳍同形相对。胸鳍短圆。腹鳍合为一短棘，由3对特化鳞组成，连于腰带骨后端，不能活动，上有许多粒状突起。尾鳍短，圆形。

　　体呈蓝绿色，体侧具6~7纵行橘黄色斑点；头部具长条形斑纹，自吻端向后呈辐射状排列。眼睛内、瞳孔外缘具放射状黄纹。第一背鳍鳍膜灰黄色；腹鳍鳍膜黑色，雄鱼散布白点；尾鳍后部具一长黑斑。

【生物学特性】

　　暖水性珊瑚礁鱼类。主要栖息于水质清澈的潟湖和面海的岩礁区，栖息水深1~35m。常成对或集成小群在死珊瑚基部或海藻丛中活动。仅以鹿角珊瑚（*Acropora* spp.）的水螅体为食。繁殖期雌雄配对生活。最大全长达12cm。

【地理分布】

　　分布于印度—西太平洋区，西至东非沿岸，东至萨摩亚，北至琉球群岛，南至大堡礁南部。我国主要分布于南海和台湾海域。

【资源状况】

　　小型鱼类，无食用价值。体色艳丽，是极受欢迎的观赏鱼，偶见于水族馆。

139. 粗皮鲀 *Rudarius ercodes* Jordan *et* Fowler, 1902

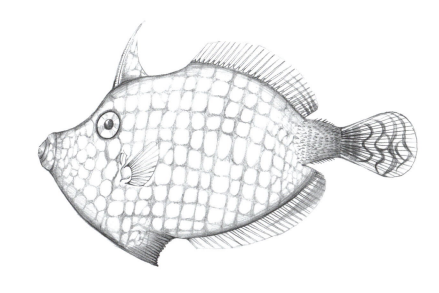

【英文名】whitespotted pygmy filefish

【别名】粗皮单棘鲀、剥皮、迪仔

【分类地位】鲀形目Tetraodontiformes
　　　　　　单角鲀科Monacanthidae

【主要形态特征】

背鳍Ⅱ，25~28；臀鳍23~28；胸鳍10~12。

体近菱形，高而侧扁，体高大于体长的1/2。头短高。吻稍长，背缘明显凹入。眼小，侧位而高，眼间隔隆起。口小，前位。上下颌齿楔状，上颌齿2行，下颌齿1行。唇较薄。鳃孔侧中位，位于眼后缘下方。

鳞细小，鳞面具倒向后方的短毛状小棘。雄鱼尾柄两侧的鳞棘特别长，呈刚毛状，后端弯向前外侧。侧线不明显。

背鳍2个，分离；第一背鳍具2鳍棘，第一鳍棘位于眼后部上方，棘前缘具粒状突起，后侧缘各有1行逆行棘；第二鳍棘短小，隐于背中沟内；第二背鳍延长。臀鳍与第二背鳍同形，起点在第二背鳍第二至第三鳍条下方。胸鳍短圆，侧中位。腹鳍合为一短棘，由2对特化鳞组成，连于腰带骨后端，不能活动。尾鳍短，圆形。

体呈黄褐色，有许多黑褐色网状纹，大小约与瞳孔相似。唇白色，后缘褐色。第一背鳍鳍膜前缘有一黑斑，第二背鳍和臀鳍基底各有2个大黑斑。各鳍灰白色，尾鳍有黑色点列横纹。

【生物学特性】

暖水性岩礁鱼类。主要栖息于沿岸岩礁海域。卵生，卵黏性，雌鱼用嘴将卵黏附于海藻上，并守护直至卵孵化。最大全长达8cm。

【地理分布】

分布于西北太平洋区中国东南部、韩国和日本中南部。我国主要分布于南海海域。

【资源状况】

小型鱼类，无食用价值。数量稀少，偶见于水族馆。

140. 三齿鲀 *Triodon macropterus* Lesson, 1831

【英文名】threetooth puffer

【别名】大鳍三齿鲀、三齿河鲀、扇鲀

【分类地位】鲀形目 Tetraodontiformes
三齿鲀科 Triodontidae

【主要形态特征】
背鳍 0~Ⅱ，10~12；臀鳍 9~10；胸鳍 14~16。

体呈圆柱形，稍侧扁；尾柄细长，平扁。**腹膜特别长大，呈扇形，**极侧扁。头中长，头背缘圆突。吻中长。眼中大，侧上位，眼间隔宽而稍凹入。口小，前位，上颌稍突出。**上下颌齿愈合成喙状齿板，上颌齿板有中央缝，下颌齿板无中央缝。**鳃孔小，位于眼后下方。

头体被小型骨质板状鳞，鳞面上有小棘，体腹侧密被粗糙的大型板状鳞。侧线发达。

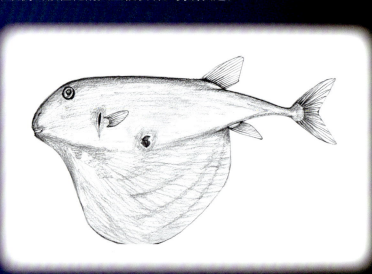

背鳍 1 个，位于体后部，前方有 2 退化的鳍棘，前部鳍条较长。臀鳍与背鳍同形，起点在背鳍基底后下方。胸鳍短圆，侧中位。**无腹鳍。**尾鳍深叉形，除主鳍条外，其上下缘还有尾鳍前鳍条。

体呈黄褐色，**腹膜上缘、体侧中央有一具白缘的黑色圆斑，**黑斑大小约等于眼径。

【生物学特性】
暖水性底层鱼类。主要栖息于水深 50~300m 的海域。生态习性不明。最大全长达 54cm。

【地理分布】

　　分布于印度—西太平洋区，西至东非沿岸，东至菲律宾，北至日本，南至澳大利亚和新喀里多尼亚。我国主要分布于台湾海域。

【资源状况】

　　中小型鱼类，数量稀少，偶见于水族馆。

141. 豹纹东方鲀 *Takifugu pardalis* (Temminck *et* Schlegel, 1850)

【英文名】panther pufferfish
【别名】豹纹多纪鲀、豹圆鲀、豹斑河鲀
【分类地位】鲀形目Tetraodontiformes
　　　　　　鲀科Tetraodontidae

【主要形态特征】
　　背鳍11~14；臀鳍9~12；胸鳍15~18。
　　体呈亚圆筒形，前部较粗，向后渐细；尾柄圆锥状，后部渐侧扁。头中大，圆钝。吻短钝。眼中大，侧上位；眼间隔宽而圆突。鼻孔2个，位于卵圆形鼻瓣的内外侧。口小，前位，横裂。上下颌各具2个喙状牙板，中央缝明显。唇厚，细裂，下唇较长，两端向上弯曲，伸达上唇外侧。鳃孔中大，浅弧形，位于胸鳍基底前方。**体背面和腹面均无小刺，皮肤密布圆形疣状肉质小突起。**侧线发达，上侧位，于背鳍基底下方渐渐折向尾柄中央，伸达尾鳍基底，具多条分支。体侧下部纵行皮褶发达。
　　背鳍位于体后部，近镰形。臀鳍与背鳍同形，基底稍后于背鳍起点。胸鳍宽短，侧中位。无腹鳍。尾鳍宽大，后缘呈亚圆形。
　　体背呈绿褐色或黄褐色，腹部乳白色。**体背自吻端至尾柄散布黑色圆斑**，约与眼径相等。胸鳍、背鳍和臀鳍橘黄色，尾鳍黑褐色。

【生物学特性】
　　冷温性近海底层鱼类。主要栖息于沿岸岩礁底质海域，幼鱼喜栖息于浅海河口咸淡水水域。主要以甲壳类、贝类和鱼类等为食。春季产卵，卵黏着于海藻等物体上孵化。常见个体体长15~25cm，最大体长达35cm。

【地理分布】
　　分布于西北太平洋区日本北海道至中国东海。我国主要分布于渤海、黄海和东海海域。

【资源状况】
　　中小型鱼类，但其卵巢、肝脏和血液有剧毒，精巢和皮肤有毒，肌肉无毒，肉味鲜美，肉质细嫩。

形 态 检 索 图

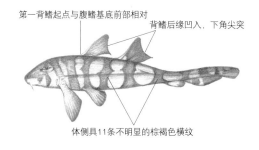

第一背鳍起点与腹鳍基底前部相对

背鳍后缘凹入，下角尖突

体侧具11条不明显的棕褐色横纹

1. 点纹斑竹鲨 *Chiloscyllium punctatum*

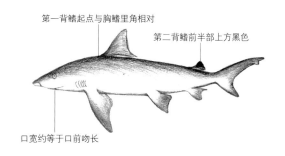

上下唇褶发达

第二背鳍稍小于第一背鳍

上下颌两侧齿齿头外斜

2. 日本半皱唇鲨 *Hemitriakis japanica*

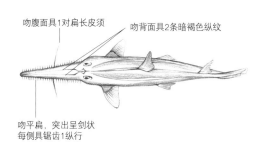

第一背鳍起点与胸鳍里角相对

第二背鳍前半部上方黑色

口宽约等于口前吻长

3. 爪哇真鲨 *Carcharhinus tjutjot*

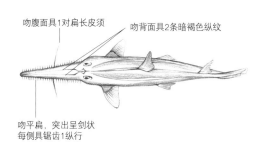

吻腹面具1对扁长皮须

吻背面具2条暗褐色纵纹

吻平扁，突出呈剑状
每侧具锯齿1纵行

4. 日本锯鲨 *Pristiophorus japonicus*

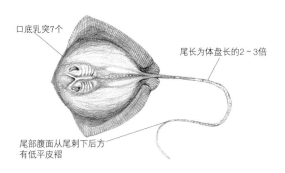

口底乳突7个

尾长为体盘长的2～3倍

尾部腹面从尾刺下后方
有低平皮褶

5. 鬼深魟 *Bathytoshia lata*

尾长为体盘长3倍以上

体盘背部密具
黑褐色圆形或多边形斑块

6. 花点窄尾魟 *Himantura uarnak*

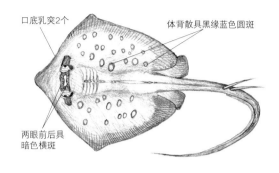

口底乳突2个
体背散具黑缘蓝色圆斑
两眼前后具暗色横斑

7. 东方新虹 *Neotrygon orientalis*

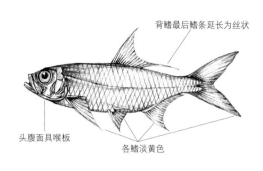

背鳍最后鳍条延长为丝状
头腹面具喉板
各鳍淡黄色

8. 大海鲢 *Megalops cyprinoides*

眼小，接近吻端
体表具13～16条不规则的具白色边缘的黑褐色环带
下颌长于上颌
背臀鳍不发达，与尾鳍连续，鳍条结构仅见于尾部后段

9. 宽带鳗鳝 *Channomuraena vittata*

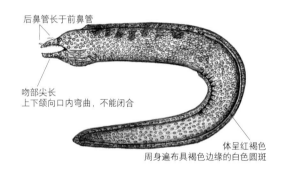

后鼻管长于前鼻管
吻部尖长
上下颌向口内弯曲，不能闭合
体呈红褐色
周身遍布具褐色边缘的白色圆斑

10. 豹纹勾吻鳝 *Enchelycore pardalis*

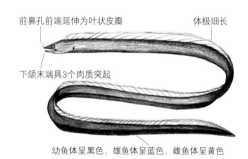

前鼻孔前端延伸为叶状皮瓣
体极细长
下颌末端具3个肉质突起
幼鱼体呈黑色，雄鱼体呈蓝色，雌鱼体呈黄色

11. 大口管鼻鳝 *Rhinomuraena quaesita*

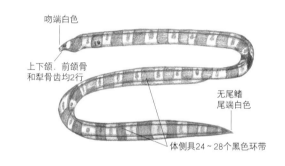

吻端白色
上下颌、前颌骨和犁骨齿均2行
无尾鳍
尾端白色
体侧具24～28个黑色环带

12. 斑竹花蛇鳗 *Myrichthys colubrinus*

背鳍、脂鳍和尾鳍上叶具小黑斑
吻突出，微弯呈鸟喙状
臀鳍13～17
幼鱼体侧侧线以上具8～10个长椭圆形紫黑色横斑
生殖季节成鱼体侧有数条鲜红色横斑，尾部也略呈鲜红色

13. 马苏大麻哈鱼 *Oncorhynchus masou*

休背散布白色斑点，休侧散布小于瞳孔的橙色斑点
臀鳍9～11

14. 花羔红点鲑 *Salvelinus malma*

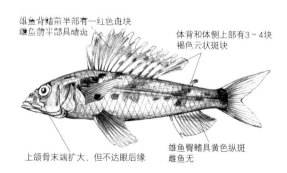

雄鱼背鳍前半部有一红色斑块
雌鱼前半部具暗斑
体背和体侧上部有3～4块褐色云状斑块
上颌骨末端扩大，但不达眼后缘
雄鱼臀鳍具黄色纵斑
雌鱼无

15. 日本姬鱼 *Hime japonica*

285

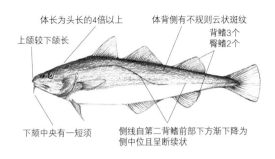

体长为头长的4倍以上
上颌较下颌长
体背侧有不规则云状斑纹
背鳍3个
臀鳍2个
下颌中央有一短须
侧线自第二背鳍前部下方渐下降为侧中位且呈断续状

16. 细身宽突鳕 *Eleginus gracilis*

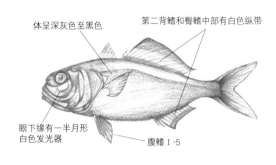

体呈深灰色至黑色
第二背鳍和臀鳍中部有白色纵带
眼下缘有一半月形白色发光器
腹鳍 I-5

17. 菲律宾灯颊鲷 *Anomalops katoptron*

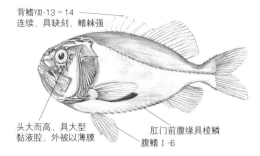

背鳍Ⅷ-13～14
连续，具缺刻，鳍棘强
头大而高，具大型黏液腔，外被以薄膜
肛门前腹缘具棱鳞
腹鳍 I-6

18. 日本桥棘鲷 *Gephyroberyx japonicus*

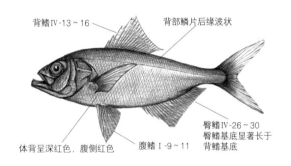

背鳍Ⅳ-13～16
背部鳞片后缘波状
臀鳍Ⅳ-26～30
臀鳍基底显著长于背鳍基底
体背呈深红色，腹侧红色
腹鳍 I-9～11

19. 红金眼鲷 *Beryx splendens*

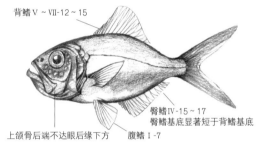

背鳍Ⅴ～Ⅶ-12～15
臀鳍Ⅳ-15～17
臀鳍基底显著短于背鳍基底
上颌骨后端不达眼后缘下方
腹鳍 I-7

20. 掘氏拟棘鲷 *Centroberyx druzhinini*

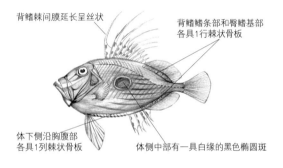

背鳍鳍间膜延长呈丝状
背鳍鳍条基部和臀鳍基部各具1行棘状骨板
体下侧沿胸腹部各具1列棘状骨板
体侧中部有一具白缘的黑色椭圆斑

21. 远东海鲂 *Zeus faber*

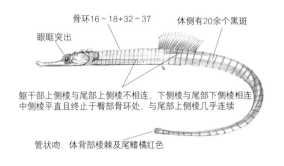

骨环16～18+32～37
体侧有20余个黑斑
眼眶突出
躯干部上侧棱与尾部上侧棱不相连，下侧棱与尾部下侧棱相连中侧棱平直且终止于臀部骨环处，与尾部上侧棱几乎连续
管状吻. 体背部棱棘及尾鳍橘红色

22. 红鳍冠海龙 *Corythoichthys haematopterus*

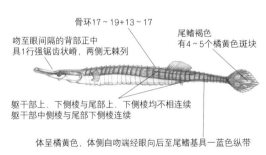

骨环17～19+13～17
吻至眼间隔的背部正中具1行强锯齿状嵴，两侧无棘列
尾鳍褐色有4～5个橘黄色斑块
躯干部上、下侧棱与尾部上、下侧棱均不相连躯干部中侧棱与尾部下侧棱连续
体呈橘黄色，体侧自吻端经眼向后至尾鳍基具一蓝色纵带

23. 蓝带矛吻海龙 *Doryrhamphus excisu*

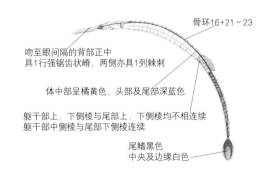

骨环16+21～23
吻至眼间隔的背部正中具1行强锯齿状嵴，两侧亦具1列棘刺
体中部呈橘黄色，头部及尾部深蓝色
躯干部上、下侧棱与尾部上、下侧棱均不相连躯干部中侧棱与尾部下侧棱连续
尾鳍黑色中央及边缘白色

24. 强氏矛吻海龙 *Doryrhamphus janssi*

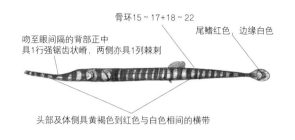

骨环15～17+18～22

吻至眼间隔的背部正中
具1行强锯齿状嵴，两侧亦具1列棘刺

尾鳍红色，边缘白色

头部及体侧具黄褐色到红色与白色相间的横带

25. 带纹斑节海龙 *Dunckerocampus dactyliophorus*

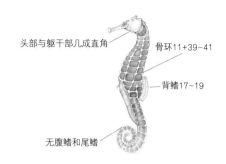

头部与躯干部几成直角

骨环11+39～41

背鳍17～19

无腹鳍和尾鳍

26. 克氏海马 *Hippocampus kelloggi*

骨环15～18+40～54

背鳍38～48

躯干部上侧棱与尾部上侧棱相连，下侧棱与尾部下侧棱相连
中侧棱尾端上扬，终止于背鳍基底末端下方的尾环

27. 拟海龙 *Syngnathoides biaculeatus*

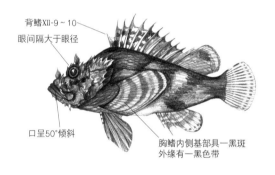

背鳍XII-9～10

眼间隔大于眼径

口呈50°倾斜

胸鳍内侧基部具一黑斑
外缘有一黑色带

28. 魔拟鲉 *Scorpaenopsis neglecta*

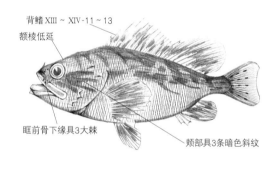

背鳍XIII～XIV-11～13

额棱低延

眶前骨下缘具3大棘

颊部具3条暗色斜纹

29. 许氏平鲉 *Sebastes schlegelii*

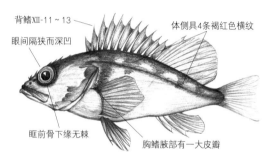

背鳍XII-11～13

眼间隔狭而深凹

眶前骨下缘无棘

体侧具4条褐红色横纹

胸鳍腋部有一大皮瓣

30. 赫氏无鳔鲉 *Helicolenus hilgendorfii*

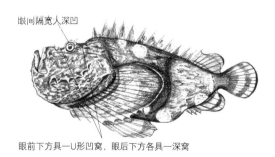

眼间隔宽大深凹

眼前下方具一U形凹窝，眼后下方各具一深窝

31. 玫瑰毒鲉 *Synanceia verrucosa*

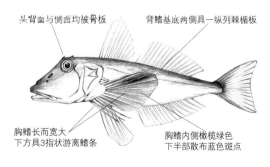

头背面与侧面均被骨板

背鳍基底内侧具一纵列棘楯板

胸鳍长而宽大
下方具3指状游离鳍条

胸鳍内侧橄榄绿色
下半部散布蓝色斑点

32. 棘绿鳍鱼 *Chelidonichthys spinosus*

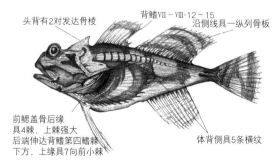

头背有2对发达骨棱

背鳍VII～VIII-12～15

沿侧线具一纵列骨板

前鳃盖骨后缘
具4棘，上棘强大
后端伸达背鳍第四鳍棘
下方，上缘具7向前小棘

体背侧具5条横纹

33. 强棘杜父鱼 *Enophrys diceraus*

287

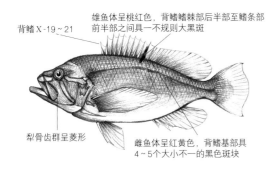

雄鱼体呈桃红色，背鳍鳍棘部后半部至鳍条部前半部之间具一不规则大黑斑

背鳍 X-19～21

犁骨齿群呈菱形

雌鱼体呈红黄色，背鳍基部具4～5个大小不一的黑色斑块

34. 许氏菱牙鲓 *Caprodon schlegelii*

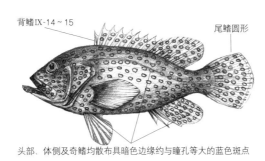

背鳍IX-14～15

尾鳍圆形

头部、体侧及奇鳍均散布具暗色边缘约与瞳孔等大的蓝色斑点

35. 青星九棘鲈 *Cephalopholis miniata*

背鳍XI-13～15

体侧具6条不规则的暗色斜带，带中另散布浅色斑点

36. 褐带石斑鱼 *Epinephelus bruneus*

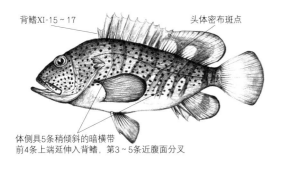

背鳍XI-15～17

头体密布斑点

体侧具5条稍倾斜的暗横带，前4条上端延伸入背鳍，第3～5条近腹面分叉

37. 带点石斑鱼 *Epinephelus fasciatomaculosus*

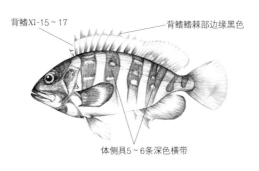

背鳍XI-15～17

背鳍鳍棘部边缘黑色

体侧具5～6条深色横带

38. 横条石斑鱼 *Epinephelus fasciatus*

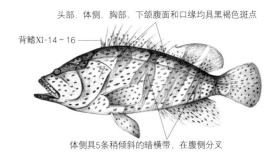

头部、体侧、胸部、下颌腹面和口缘均具黑褐色斑点

背鳍XI-14～16

体侧具5条稍倾斜的暗横带，在腹侧分叉

39. 玛拉巴石斑鱼 *Epinephelus malabaricus*

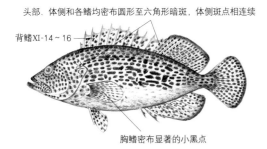

头部、体侧和各鳍均密布圆形至六角形暗斑，体侧斑点相连续

背鳍XI-14～16

胸鳍密布显著的小黑点

40. 蜂巢石斑鱼 *Epinephelus merra*

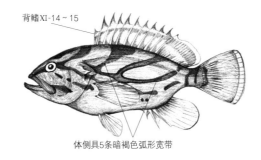

背鳍XI-14～15

体侧具5条暗褐色弧形宽带

41. 弧纹石斑鱼 *Epinephelus morrhua*

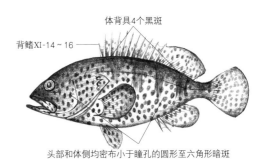

体背具4个黑斑

背鳍XI-14～16

头部和体侧均密布小于瞳孔的圆形至六角形暗斑

42. 吻斑石斑鱼 *Epinephelus spilotoceps*

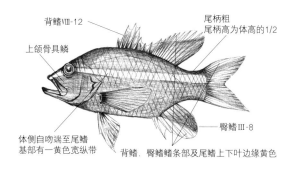

背鳍Ⅷ-12
尾柄粗
尾柄高为体高的1/2
上颌骨具鳞
臀鳍Ⅲ-8
体侧自吻端至尾鳍基部有一黄色宽纵带
背鳍.臀鳍鳍条部及尾鳍上下叶边缘黄色

43. 荒贺长鲈 *Liopropoma aragai*

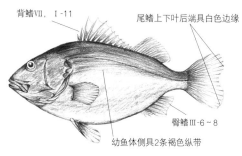

背鳍Ⅶ，Ⅰ-11
尾鳍上下叶后端具白色边缘
臀鳍Ⅲ-6~8
幼鱼体侧具2条褐色纵带

44. 东洋鲈 *Niphon spinosus*

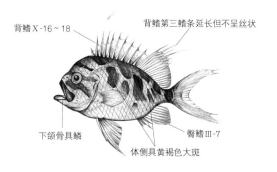

背鳍Ⅹ-16~18
背鳍第三鳍条延长但不呈丝状
下颌骨具鳞
臀鳍Ⅲ-7
体侧具黄褐色大斑

45. 黄斑牙花鮨 *Odontanthias borbonius*

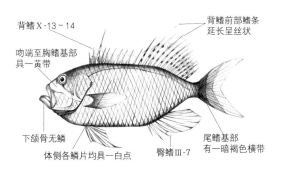

背鳍Ⅹ-13~14
背鳍前部鳍条延长呈丝状
吻端至胸鳍基部具一黄带
下颌骨无鳞
体侧各鳞片均具一白点
臀鳍Ⅲ-7
尾鳍基部有一暗褐色横带

46. 红衣牙花鮨 *Odontanthias rhodopeplus*

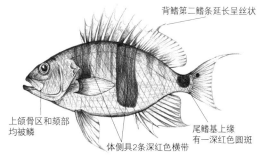

背鳍第二鳍条延长呈丝状
上颌骨区和颊部均被鳞
体侧具2条深红色横带
尾鳍基上缘有一深红色圆斑

47. 凯氏棘花鮨 *Plectranthias kelloggi*

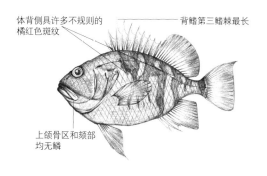

体背侧具许多不规则的橘红色斑纹
背鳍第三鳍棘最长
上颌骨区和颊部均无鳞

48. 威氏棘花鮨 *Plectranthias wheeleri*

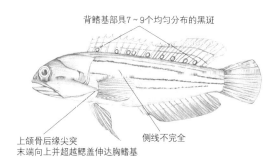

背鳍基部具7~9个均匀分布的黑斑
上颌骨后缘尖突末端向上并超越鳃盖伸达胸鳍基
侧线不完全

49. 卡氏后颌䲢 *Opistognathus castelnaui*

眼巨大
腹鳍长大，等于或稍大于头长，后端可伸越臀鳍起点
体一致呈红色
背鳍.臀鳍和腹鳍鳍膜灰黑色
背鳍.臀鳍和尾鳍边缘黑色

50. 日本红目大眼鲷 *Cookeolus japonicus*

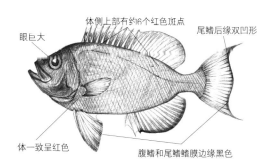

体侧上部有约6个红色斑点
尾鳍后缘双凹形
眼巨大
体一致呈红色
腹鳍和尾鳍鳍膜边缘黑色

51. 金目大眼鲷 *Priacanthus hamrur*

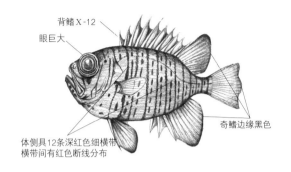

背鳍 X-12
眼巨大
奇鳍边缘黑色
体侧具12条深红色细横带
横带间有红色断线分布

52. 麦氏锯大眼鲷 *Pristigenys meyeri*

背鳍 X-11
眼巨大
尾鳍后缘双凹形
体侧具5条白色细横带
横带宽约为瞳孔直径的1/2～3/5

53. 日本锯大眼鲷 *Pristigenys niphonia*

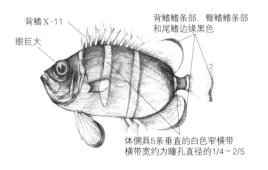

背鳍 X-11
眼巨大
背鳍鳍条部、臀鳍鳍条部和尾鳍边缘黑色
体侧具5条垂直的白色窄横带
横带宽约为瞳孔直径的1/4～2/5

54. 黑边锯大眼鲷 *Pristigenys refulgens*

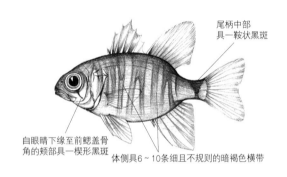

尾柄中部具一鞍状黑斑
自眼睛下缘至前鳃盖骨角的颊部具一楔形黑斑
体侧具6～10条细且不规则的暗褐色横带

55. 萨摩亚圣天竺鲷 *Nectamia savayensis*

头背两侧各具一较瞳孔小的黑点
自吻端至眼睛具一黑色短纵带
第一背鳍前部黑色
第二背鳍基底和臀鳍基底具黑带
下颌前端黑色
尾柄基部有一与瞳孔等大的黑点

56. 詹氏鹦天竺鲷 *Ostorhinchus jenkinsi*

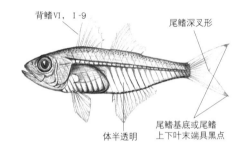

背鳍 VI，I-9
尾鳍深叉形
体半透明
尾鳍基底或尾鳍上下叶末端具黑点

57. 箭天竺鲷 *Rhabdamia gracilis*

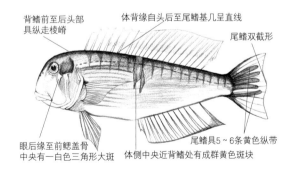

背鳍前至后头部具纵走棱嵴
体背缘自头后至尾鳍基几呈直线
尾鳍双截形
眼后缘至前鳃盖骨中央有一白色三角形大斑
尾鳍具5～6条黄色纵带
体侧中央近背鳍处有成群黄色斑块

58. 日本方头鱼 *Branchiostegus japonicus*

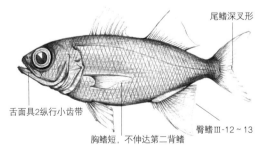

尾鳍深叉形
舌面具2纵行小齿带
胸鳍短，不伸达第二背鳍
臀鳍III-12～13

59. 牛眼青鲓 *Scombrops boops*

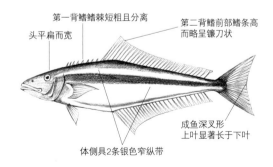

第一背鳍鳍棘短粗且分离
头平扁而宽
第二背鳍前部鳍条高而略呈镰刀状
成鱼深叉形上叶显著长于下叶
体侧具2条银色窄纵带

60. 军曹鱼 *Rachycentron canadum*

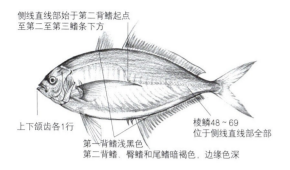

侧线直线部始于第二背鳍起点
至第二至第三鳍条下方

上下颌齿各1行

第一背鳍浅黑色
第二背鳍、臀鳍和尾鳍暗褐色，边缘色深

棱鳞48~69
位于侧线直线部全部

61. 范氏副叶鲹 *Alepes vari*

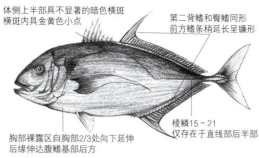

体侧上半部具不显著的暗色横斑
横斑内具金黄色小点

第二背鳍和臀鳍同形
前方鳍条稍延长呈镰形

胸部裸露区自胸部2/3处向下延伸
后缘伸达腹鳍基部后方

棱鳞15~21
仅存在于直线部后半部

62. 黄点若鲹 *Carangoides fulvoguttatus*

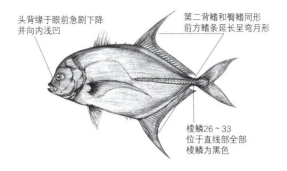

头背缘于眼前急剧下降
并向内浅凹

第二背鳍和臀鳍同形
前方鳍条延长呈弯月形

棱鳞26~33
位于直线部全部
棱鳞为黑色

63. 黑鲹 *Caranx lugubris*

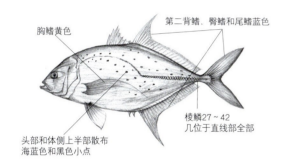

胸鳍黄色

第二背鳍、臀鳍和尾鳍蓝色

头部和体侧上半部散布
海蓝色和黑色小点

棱鳞27~42
几位于直线部全部

64. 黑尻鲹 *Caranx melampygus*

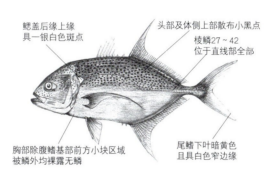

鳃盖后缘上缘
具一银白色斑点

头部及体侧上部散布小黑点

棱鳞27~42
位于直线部全部

胸部除腹鳍基部前方小块区域
被鳞外均裸露无鳞

尾鳍下叶暗黄色
且具白色窄边缘

65. 巴布亚鲹 *Caranx papuensis*

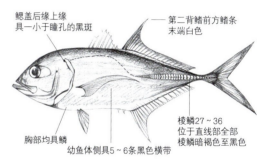

鳃盖后缘上缘
具一小于瞳孔的黑斑

第二背鳍前方鳍条
末端白色

胸部均具鳞

幼鱼体侧具5~6条黑色横带

棱鳞27~36
位于直线部全部
棱鳞暗褐色至黑色

66. 六带鲹 *Caranx sexfasciatus*

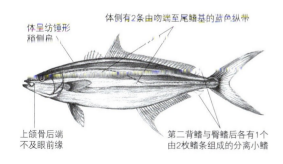

体呈纺锤形
稍侧扁

体侧有2条由吻端至尾鳍基的蓝色纵带

上颌骨后端
不及眼前缘

第二背鳍与臀鳍后各有1个
由2枚鳍条组成的分离小鳍

67. 纺锤蛳 *Elagatis bipinnulata*

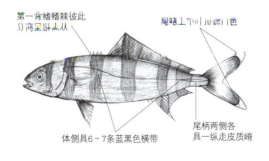

第一背鳍鳍棘彼此
分离且游离状

尾鳍上下叶端白色

体侧具6~7条蓝黑色横带

尾柄两侧各
具一纵走皮质嵴

68. 黑带鲹 *Naucrates ductor*

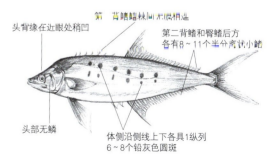

第一背鳍鳍棘间以膜相连

头背缘在近眼处稍凹

第二背鳍和臀鳍后方
各有8~11个半分离式小鳍

头部无鳞

体侧沿侧线上下各具1纵列
6~8个铅灰色圆斑

69. 长颌似鲹 *Scomberoides lysan*

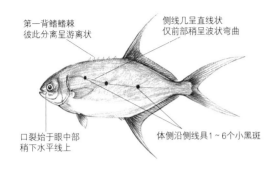

第一背鳍鳍棘
彼此分离呈游离状

侧线几呈直线状
仅前部稍呈波状弯曲

口裂始于眼中部
稍下水平线上

体侧沿侧线具1～6个小黑斑

70. 裴氏鲳鲹 *Trachinotus baillonii*

颈部具一褐色鞍斑

背鳍第二至第六鳍棘上部
具一黑色斑

下颌轮廓近平直
头部，背鳍第五至
第六鳍棘前的体前部
裸露无鳞

体侧具一黄褐色纵带和
少量不规则黄褐色斑纹

71. 颈斑项鲾 *Nuchequula nuchalis*

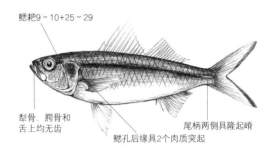

鳃耙9～10+25～29

犁骨，腭骨和
舌上均无齿

尾柄两侧具隆起棱

鳃孔后缘具2个肉质突起

72. 史氏红谐鱼 *Erythrocles schlegelii*

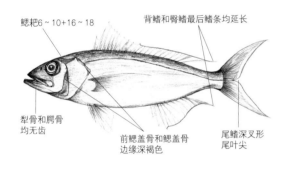

鳃耙6～10+16～18

背鳍和臀鳍最后鳍条均延长

犁骨和腭骨
均无齿

前鳃盖骨和鳃盖骨
边缘深褐色

尾鳍深叉形
尾叶尖

73. 叉尾鲷 *Aphareus furca*

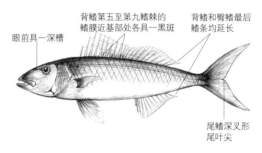

眼前具一深槽

背鳍第五至第九鳍棘的
鳍膜近基部处各具一黑斑

背鳍和臀鳍最后
鳍条均延长

尾鳍深叉形
尾叶尖

74. 绿短鳍笛鲷 *Aprion virescens*

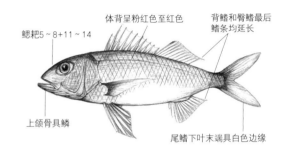

体背呈粉红色至红色

背鳍和臀鳍最后
鳍条均延长

鳃耙5～8+11～14

上颌骨具鳞

尾鳍下叶末端具白色边缘

75. 红钻鱼 *Etelis carbunculus*

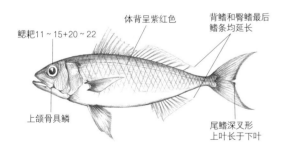

鳃耙11～15+20～22

体背呈紫红色

背鳍和臀鳍最后
鳍条均延长

上颌骨具鳞

尾鳍深叉形
上叶长于下叶

76. 多耙红钻鱼 *Etelis radiosus*

头背缘呈弓形突出

眼前
具一深槽

幼鱼第三至第六鳍条
延长呈丝状

幼鱼体侧有8～9条
蓝色纵带
成鱼体侧具颜色较浅的
斑点或横带

77. 丝条长鳍笛鲷 *Symphorus nematophorus*

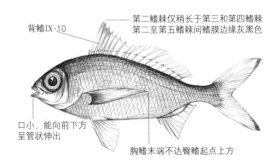

背鳍Ⅸ-10

第二鳍棘仅稍长于第三和第四鳍棘
第二至第五鳍棘间鳍膜边缘灰黑色

口小，能向前下方
呈管状伸出

胸鳍末端不达臀鳍起点上方

78. 奥奈银鲈 *Gerres oyena*

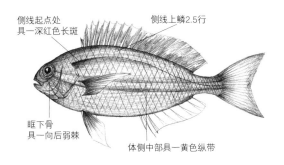

侧线起点处
具一深红色长斑

侧线上鳞2.5行

眶下骨
具一向后弱棘

体侧中部具一黄色纵带

79. 宽带副眶棘鲈 *Parascolopsis eriomma*

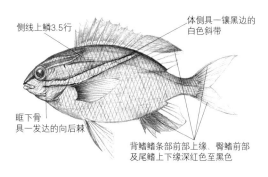

侧线上鳞3.5行

体侧具一镶黑边的
白色斜带

眶下骨
具一发达的向后棘

背鳍鳍条部前部上缘、臀鳍前部
及尾鳍上下缘深红色至黑色

80. 双线眶棘鲈 *Scolopsis bilineata*

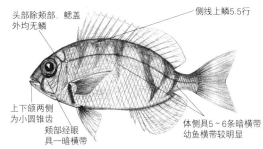

头部除颊部、鳃盖
外均无鳞

侧线上鳞5.5行

上下颌两侧
为小圆锥齿

颊部经眼
具一暗横带

体侧具5～6条暗横带
幼鱼横带较明显

81. 灰裸顶鲷 *Gymnocranius griseus*

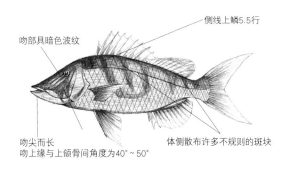

吻部具暗色波纹

侧线上鳞5.5行

吻尖而长
吻上缘与上颌骨间角度为40°～50°

体侧散布许多不规则的斑块

82. 尖吻裸颊鲷 *Lethrinus olivaceus*

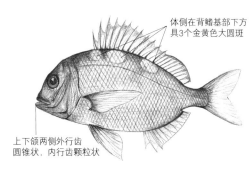

体侧在背鳍基部下方
具3个金黄色大圆斑

上下颌两侧外行齿
圆锥状，内行齿颗粒状

83. 黄背牙鲷 *Dentex hypselosomus*

体侧具若干暗色纵带

上下颌前端具门齿
侧面具臼齿

84. 平鲷 *Rhabdosargus sarba*

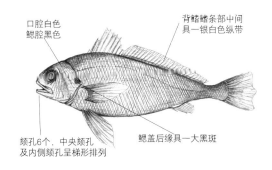

口腔白色
鳃腔黑色

背鳍鳍条部中间
具一银白色纵带

颏孔6个，中央颏孔
及内侧颏孔呈梯形排列

鳃盖后缘具一大黑斑

85. 银姑鱼 *Pennahia argentata*

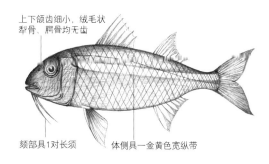

上下颌齿细小、绒毛状
犁骨、腭骨均无齿

颏部具1对长须

体侧具一金黄色宽纵带

86. 无斑拟羊鱼 *Mulloidichthys vanicolensis*

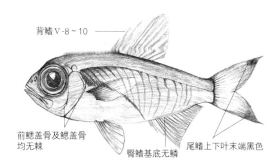

背鳍Ⅴ-8～10

前鳃盖骨及鳃盖骨
均无棘

臀鳍基底无鳞

尾鳍上下叶末端黑色

87. 红海副单鳍鱼 *Parapriacanthus ransonneti*

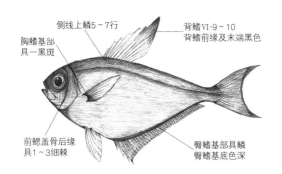

侧线上鳞5~7行
背鳍VI-9~10
背鳍前缘及末端黑色
胸鳍基部具一黑斑
前鳃盖骨后缘具1~3细棘
臀鳍基部具鳞
臀鳍基底色深

88. 黑边单鳍鱼 *Pempheris oualensis*

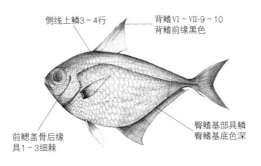

侧线上鳞3~4行
背鳍VI~VII-9~10
背鳍前缘黑色
前鳃盖骨后缘具1~3细棘
臀鳍基部具鳞
臀鳍基底色深

89. 银腹单鳍鱼 *Pempheris schwenkii*

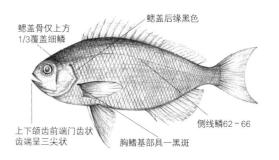

鳃盖骨仅上方1/3覆盖细鳞
鳃盖后缘黑色
上下颌齿前端门齿状齿端呈三尖状
侧线鳞62~66
胸鳍基部一黑斑

90. 小鳞黑鲹 *Girella leonina*

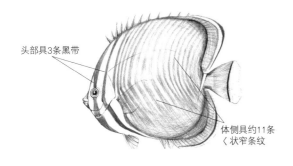

头部具3条黑带
体侧具约11条〈状窄条纹

91. 曲纹蝴蝶鱼 *Chaetodon baronessa*

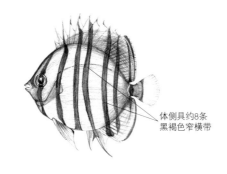

体侧具约8条黑褐色窄横带

92. 八带蝴蝶鱼 *Chaetodon octofasciatus*

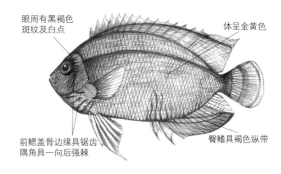

眼周有黑褐色斑纹及白点
体呈金黄色
前鳃盖骨边缘具锯齿隅角具一向后强棘
臀鳍具褐色纵带

93. 海氏刺尻鱼 *Centropyge heraldi*

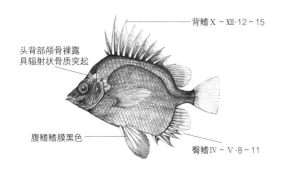

背鳍X~XII-12~15
头背部颅骨裸露具辐射状骨质突起
腹鳍鳍膜黑色
臀鳍IV~V-8~11

94. 日本五棘鲷 *Pentaceros japonicus*

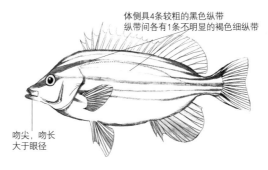

体侧具4条较粗的黑色纵带纵带间各有1条不明显的褐色细纵带
吻尖，吻长大于眼径

95. 尖突吻鯻 *Rhynchopelates oxyrhynchus*

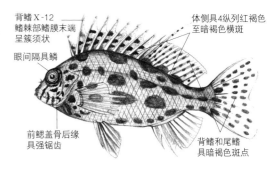

背鳍X-12
鳍棘部鳍膜末端呈簇须状
眼间隔具鳞
体侧具4纵列红褐色至暗褐色横斑
前鳃盖骨后缘具强锯齿
背鳍和尾鳍具暗褐色斑点

96. 尖头金鎓 *Cirrhitichthys oxycephalus*

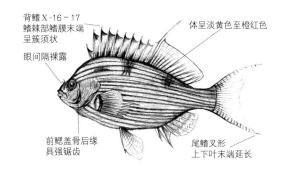

背鳍 X-16～17
鳍棘部鳍膜末端
呈簇须状
眼间隔裸露
体呈淡黄色至橙红色
前鳃盖骨后缘
具强锯齿
尾鳍叉形
上下叶末端延长

97. 多棘鲤鲐 *Cyprinocirrhites polyactis*

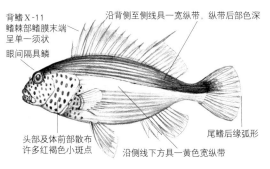

背鳍 X-11
鳍棘部鳍膜末端
呈单一须状
眼间隔具鳞
沿背侧至侧线具一宽纵带，纵带后部色深
头部及体前部散布
许多红褐色小斑点
尾鳍后缘弧形
沿侧线下方具一黄色宽纵带

98. 雀斑副鲐 *Paracirrhites forsteri*

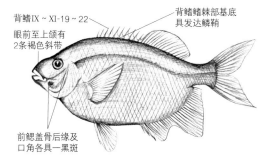

背鳍IX～XI-19～22
眼前至上颌有
2条褐色斜带
背鳍鳍棘部基底
具发达鳞鞘
前鳃盖骨后缘及
口角各具一黑斑

99. 海鲋 *Ditrema temminckii*

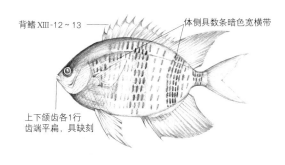

背鳍 XIII-12～13
体侧具数条暗色宽横带
上下颌齿各1行
齿端平扁，具缺刻

100. 库拉索凹牙豆娘鱼 *Amblyglyphidodon curacao*

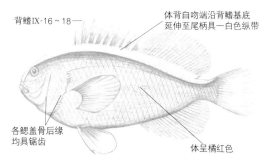

背鳍IX-16～18
体背自吻端沿背鳍基底
延伸至尾柄具一白色纵带
各鳃盖骨后缘
均具锯齿
体呈橘红色

101. 白背双锯鱼 *Amphiprion sandaracinos*

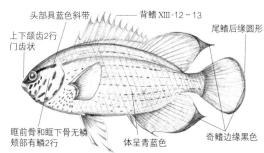

头部具蓝色斜带
背鳍 XIII-12～13
上下颌齿2行
门齿状
尾鳍后缘圆形
眶前骨和眶下骨无鳞
颊部有鳞2行
体呈青蓝色
奇鳍边缘黑色

102. 圆尾金翅雀鲷 *Chrysiptera cyanea*

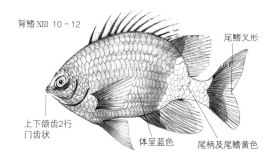

背鳍 XIII 10・12
尾鳍义彤
上下颌齿2行
门齿状
体呈蓝色
尾柄及尾鳍黄色

103. 副金翅雀鲷 *Chrysiptera parasema*

背鳍 XIII-13～14
上下颌齿3行
门齿状
头部和体前部呈蓝色
体后部呈淡黄色
鳃盖上部
具一小黑斑
眶前骨无鳞
眶下骨具鳞，颊部具鳞
胸鳍基部橙色

104. 橙黄金翅雀鲷 *Chrysiptera rex*

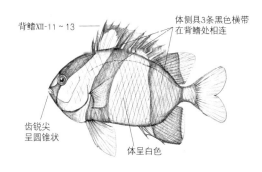

背鳍XII-11～13
体侧具3条黑色横带
在背鳍处相连
齿锐尖
呈圆锥状
体呈白色

105. 宅泥鱼 *Dascyllus aruanus*

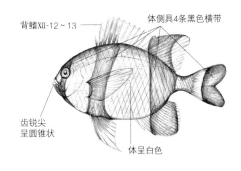

背鳍XII-12～13

体侧具4条黑色横带

齿锐尖
呈圆锥状

体呈白色

106. 黑尾宅泥鱼 *Dascyllus melanurus*

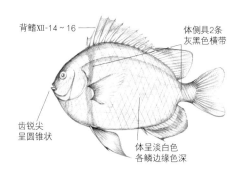

背鳍XII-14～16

体侧具2条
灰黑色横带

齿锐尖
呈圆锥状

体呈淡白色
各鳞边缘色深

107. 网纹宅泥鱼 *Dascyllus reticulatus*

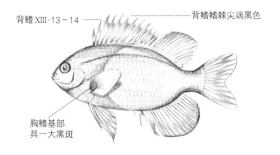

背鳍XIII-13～14

背鳍鳍棘尖端黑色

胸鳍基部
具一大黑斑

108. 胸斑雀鲷 *Pomacentrus alexanderae*

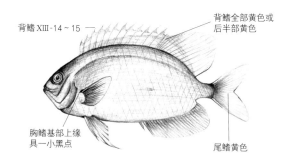

背鳍XIII-14～15

背鳍全部黄色或
后半部黄色

胸鳍基部上缘
具一小黑点

尾鳍黄色

109. 颊鳞雀鲷 *Pomacentrus lepidogenys*

背鳍XIII-14～15

鳃盖上缘和胸鳍
基部上缘各具一小黑点

体一致呈金黄色

110. 摩鹿加雀鲷 *Pomacentrus moluccensis*

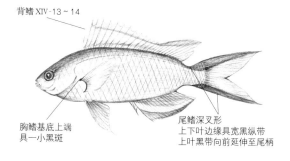

背鳍XIV-13～14

尾鳍深叉形
上下叶边缘具宽黑色纵带
上叶黑带向前延伸至尾柄

胸鳍基底上端
具一小黑斑

111. 李氏波光鳃鱼 *Pomachromis richardsoni*

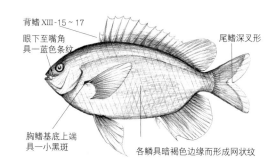

背鳍XIII-15～17

眼下至嘴角
具一蓝色条纹

尾鳍深叉形

胸鳍基底上端
具一小黑斑

各鳞具暗褐色边缘而形成网状纹

112. 胸斑眶锯雀鲷 *Stegastes fasciolatus*

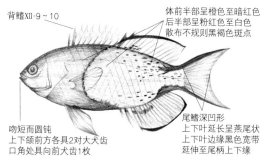

背鳍XII-9～10

体前半部呈橙色至暗红色
后半部呈粉红色至白色
散布不规则黑褐色斑点

吻短而圆钝
上下颌前方各具2对大犬齿
口角处具一向前犬齿1枚

尾鳍深凹形
上下叶延长呈燕尾状
上下叶边缘黑色宽带
延伸至尾柄上下缘

113. 似花普提鱼 *Bodianus anthioides*

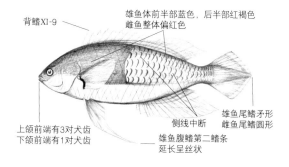

背鳍XI-9

雄鱼体前半部蓝色，后半部红褐色
雌鱼整体偏红色

雄鱼尾鳍矛形
雌鱼尾鳍圆形

上颌前端有3对犬齿
下颌前端有1对犬齿

侧线中断

雄鱼腹鳍第二鳍条
延长呈丝状

114. 蓝身丝隆头鱼 *Cirrhilabrus cyanopleura*

雄鱼体呈墨绿色，体侧中部具一条色浅的垂直条纹
雌鱼体前半部呈乳白色，散布褐色斑点，后半部呈褐色
幼鱼体呈白色，头部与体前半部散布黑点
额部具一隆起肉突

上下颌突出
上下颌齿1行
前端各具一对犬齿

成鱼腹鳍第一鳍条延长呈丝状

雄鱼尾鳍截形，鳍条延长呈梳状
雌鱼和幼鱼尾鳍圆弧形

115. 鳃斑盔鱼 *Coris aygula*

雄鱼第一至第二鳍棘间鳍膜有一具白边的黑色眼斑
雌鱼背鳍具2个眼斑，幼鱼具3个眼斑

颊部具不规则
浅绿色纵纹

上下颌齿1行
前端各具一对大犬齿

眼后具一暗斑

体呈金黄色

116. 金色海猪鱼 *Halichoeres chrysus*

体侧上半部具6条橙红色纵带

眼睛有2条
白色平行短线

上颌前端具3对犬齿
下颌前端具1对小犬齿

尾鳍基部上缘具一
小于眼径的黑色眼斑

117. 六带拟唇鱼 *Pseudocheilinus hexataenia*

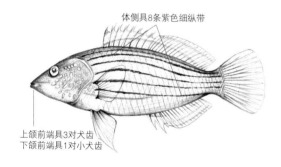

体侧具8条紫色细纵带

上颌前端具3对犬齿
下颌前端具1对小犬齿

118. 八带拟唇鱼 *Pseudocheilinus octotaenia*

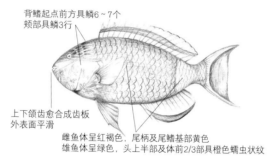

背鳍起点前方具鳞6~7个
颊部具鳞3行

上下颌齿愈合成齿板
外表面平滑

雌鱼体呈红褐色，尾柄及尾鳍基部呈黄色
雄鱼体呈绿色，头上半部及体前2/3部具橙色蠕虫状纹

119. 网纹鹦嘴鱼 *Scarus frenatus*

背鳍起点前方具鳞4个
颊部具鳞2行

上下颌齿愈合成齿板
外表面平滑

雌鱼体侧具5条白色弧状横带
雄鱼体侧具2条黄绿色横带，前一条扩展至体侧上半部

120. 许氏鹦嘴鱼 *Scarus schlegeli*

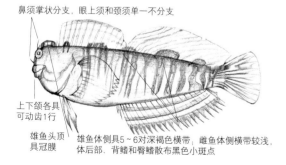

鼻须掌状分支，眼上须和颈须单一不分支

上下颌各具
可动齿1行

雄鱼头顶
具冠膜

雄鱼体侧具5~6对深褐色横带；雌鱼体侧横带较浅
体后部、背鳍和臀鳍散布黑色小斑点

121. 暗纹动齿鳚 *Istiblennius edentulus*

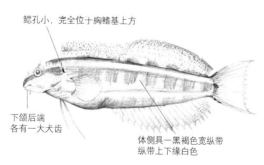

鳃孔小，完全位于胸鳍基上方

下颌后端
各有一大犬齿

体侧具一黑褐色宽纵带
纵带上下缘白色

122. 短头跳岩鳚 *Petroscirtes breviceps*

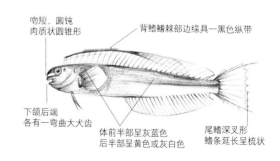

吻短，圆钝
肉质状圆锥形

背鳍鳍棘部边缘具一黑色纵带

下颌后端
各有一弯曲大犬齿

体前半部呈灰蓝色
后半部呈黄色或灰白色

尾鳍深叉形
鳍条延长呈梳状

123. 云雀短带鳚 *Plagiotremus laudandus*

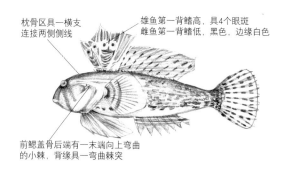

枕骨区具一横支
连接两侧侧线

雄鱼第一背鳍高，具4个眼斑
雌鱼第一背鳍低，黑色，边缘白色

前鳃盖骨后端有一末端向上弯曲
的小棘，背缘具一弯曲棘突

124. 眼斑连鳍䲗 *Synchiropus ocellatus*

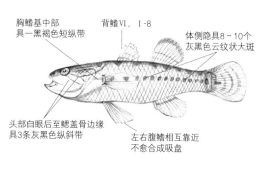

胸鳍基中部
具一黑褐色短纵带

背鳍Ⅵ，Ⅰ-8

体侧隐具8~10个
灰黑色云纹状大斑

头部自眼后至鳃盖骨边缘
具3条灰黑色纵斜带

左右腹鳍相互靠近
不愈合成吸盘

125. 珍珠塘鳢 *Giuris margaritaceus*

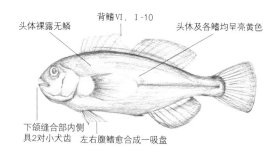

头体裸露无鳞

背鳍Ⅵ，Ⅰ-10

头休及各鳍均呈亮黄色

下颌缝合部内侧
具2对小犬齿

左右腹鳍愈合成一吸盘

126. 黄体叶虾虎鱼 *Gobiodon okinawae*

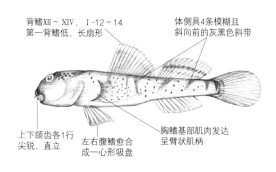

背鳍Ⅻ~ⅩⅣ，Ⅰ-12~14
第一背鳍低，长扇形

体侧具4条模糊且
斜向前的灰黑色斜带

上下颌齿各1行
尖锐，直立

左右腹鳍愈合
成一心形吸盘

胸鳍基部肌肉发达
呈臂状肌柄

127. 弹涂鱼 *Periophthalmus modestus*

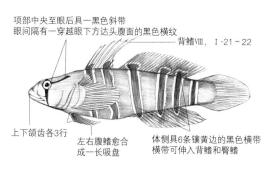

项部中央至眼后具一黑色斜带
眼间隔有一穿越眼下方达头腹面的黑色横纹

背鳍Ⅷ，Ⅰ-21~22

上下颌齿各3行

左右腹鳍愈合
成一长吸盘

体侧具6条镶黄边的黑色横带
横带可伸入背鳍和臀鳍

128. 蛇首高鳍虾虎鱼 *Pterogobius elapoides*

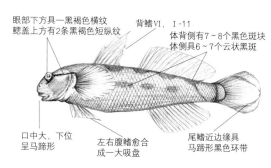

眼部下方具一黑褐色横纹
鳃盖上方有2条黑褐色短纵纹

背鳍Ⅵ，Ⅰ-11

体背侧有7~8个黑色斑块
体侧具6~7个云状黑斑

口中大，下位
呈马蹄形

左右腹鳍愈合
成一大吸盘

尾鳍近边缘具
马蹄形黑色环带

129. 兔头瓢鳍虾虎鱼 *Sicyopterus lagocephalus*

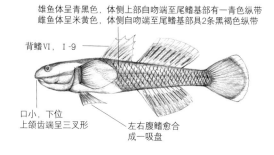

雄鱼体呈青黑色，体侧上部自吻端至尾鳍基部有一青色纵带
雌鱼体呈米黄色，体侧自吻端至尾鳍基部2条黑褐色纵带

背鳍Ⅵ，Ⅰ-9

口小，下位
上颌齿端呈三叉形

左右腹鳍愈合
成一吸盘

130. 黑紫枝牙虾虎鱼 *Stiphodon atropurpureus*

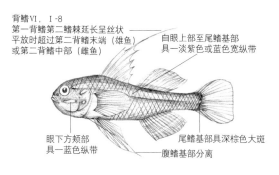

背鳍Ⅵ，Ⅰ-8
第一背鳍第二鳍棘延长呈丝状
平放时超过第二背鳍末端（雄鱼）
或第二背鳍中部（雌鱼）

自眼上部至尾鳍基部
具一淡紫色或蓝色宽纵带

眼下方颊部
具一蓝色纵带

尾鳍基部具深棕色大斑

腹鳍基部分离

131. 尾斑磨塘鳢 *Trimma caudipunctatum*

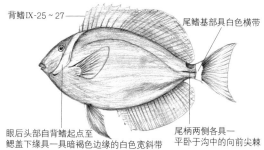

背鳍Ⅸ-25~27

尾鳍基部具白色横带

眼后头部自背鳍起点至
鳃盖下缘具一具暗褐色边缘的白色宽斜带

尾柄两侧各具一
平卧于沟中的向前尖棘

132. 白颊刺尾鱼 *Acanthurus leucopareius*

尾柄两侧各具1条发达的中央隆起嵴，尾鳍基各具2条小的侧隆起嵴

胸鳍长，伸至第二背鳍起点下方

第二背鳍、臀鳍及离鳍均为黄色

133. 黄鳍金枪鱼 *Thunnus albacares*

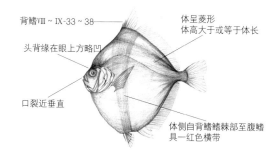

尾柄两侧各具1条发达的中央隆起嵴
尾鳍基各具2条小的侧隆起嵴

胸鳍短，不达第二背鳍起点

离鳍黄色，边缘黑色

134. 东方金枪鱼 *Thunnus orientalis*

背鳍Ⅷ～Ⅸ-33～38

体呈菱形
体高大于或等于体长

头背缘在眼上方略凹

口裂近垂直

体侧自背鳍鳍棘部至腹鳍
具一红色横带

135. 高菱鲷 *Antigonia capros*

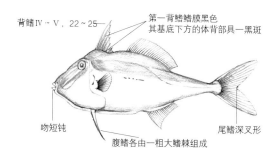

背鳍Ⅳ～Ⅴ，22～25

第一背鳍鳍膜黑色
其基底下方的体背部具一黑斑

吻短钝

腹鳍各由一粗大鳍棘组成

尾鳍深叉形

136. 双棘三刺鲀 *Triacanthus biaculeatus*

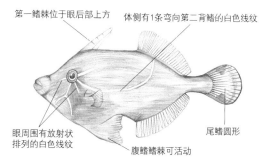

第一鳍棘位于眼后部上方

体侧有1条弯向第二背鳍的白色线纹

眼周围有放射状
排列的白色线纹

尾鳍圆形

腹鳍鳍棘可活动

137. 白线鬃尾鲀 *Acreichthys tomentosus*

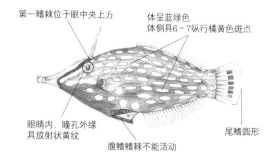

第一鳍棘位于眼中央上方

体呈蓝绿色
体侧具6～7纵行橘黄色斑点

眼睛内、瞳孔外缘
具放射状黄纹

尾鳍圆形

腹鳍鳍棘不能活动

138. 尖吻单棘鲀 *Oxymonacanthus longirostris*

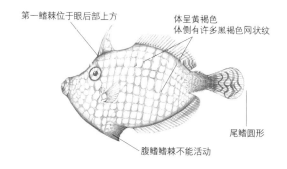

第一鳍棘位于眼后部上方

体呈黄褐色
体侧有许多黑褐色网状纹

尾鳍圆形

腹鳍鳍棘不能活动

139. 粗皮鲀 *Rudarius ercodes*

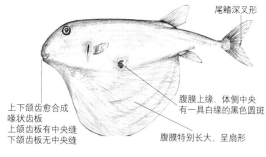

尾鳍深叉形

上下颌齿愈合成
喙状齿板
上颌齿板有中央缝
下颌齿板无中央缝

腹膜上缘，体侧中央
有一具白缘的黑色圆斑

腹膜特别长大，呈扇形

140. 三齿鲀 *Triodon macropterus*

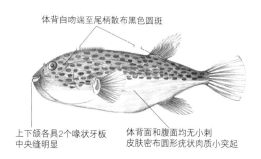

体背自吻端至尾柄散布黑色圆斑

上下颌各具2个喙状牙板
中央缝明显

体背面和腹面均无小刺
皮肤密布圆形疣状肉质小突起

141. 豹纹东方鲀 *Takifugu pardalis*

作者简介

　　张涛，1976年12月生，湖北荆州人。中国水产科学研究院东海水产研究所研究员。主要从事河口渔业生态与资源保护和可持续利用研究，先后主持和参加国家及省部级项目30余项，发表论文200余篇（第一作者27篇），合著专著14部（第一作者1部），获国家授权发明专利40项（第一发明人2项）、实用新型专利64项（第一发明人5项），获各级科技奖励21项，其中国家科学技术进步奖二等奖2项，省部级一等奖7项。